元気で丈夫な子にするための
「手作り犬ごはん」の食材帖

監修 ペット栄養管理士 岡本羽加
高円寺アニマルクリニック 院長 髙崎一哉
西荻動物病院 院長 安川明男

日東書院

犬も人間も、体は毎日のごはんで作られます

「食」は流行ではなく、日常生活の中で大切な命を育む営みです。
犬にとっても人間にとっても、毎日のごはんが１番大事です。
けれど、愛犬の食事に対して悩みを抱えている
飼い主さんは少なくありません。

どのようにごはんを作ればいいの？
どのくらいの栄養素を与えればいいの？

そんな飼い主さんのために、犬の栄養学に基づいた
本をお届けしたいと考えました。
手作りごはんで使用する多くの食材のカロリーや、
栄養素がどれくらい含まれているかを集めた
「手作り犬ごはん」の食材帖です。

冷蔵庫にある食材でメニューが作れるように、
スーパーなどで手に入る身近な食材の情報が詰まっています。
特別な日ではなく、毎日のごはんに使えるレシピもあります。
これから手作りごはんを始めたい方や
愛犬のごはんがマンネリ化しているとお悩みの方に、
キッチンに置いていつでも手に取っていただけたらと思います。

体は毎日のごはんで作られています。
この本が犬たちの丈夫な体作りに役立って、飼い主さんにとっても
長く長く使える実用的なものになるようにと願っています。

元気で丈夫な子にするための「手作り犬ごはん」の食材帖

CONTENTS

- 2 　はじめに
- 6 　この本の使い方

- 8 　犬の体と食事について
- 10 　栄養バランスの話
- 12 　犬に必要な栄養素
- 15 　手作りごはんとドッグフードの違い
- 16 　ごはん作りの注意点
- 18 　食べさせないほうがよい食材
- 20 　「手作り犬ごはん」を作る前に

肉と魚の食材帖
- 24 　牛
- 26 　豚
- 28 　鶏・卵
- 30 　牛・豚の副生物
- 32 　新奇たんぱく質

肉と卵のレシピ
- 34 　豆乳しゃぶしゃぶ
- 35 　ハンバーグ／ミートソースパスタ
- 36 　ポークボウル／とろみ肉巻き豆腐
- 37 　蒸し鶏のサラダ／オムライス

- 38 　魚

魚のレシピ
- 40 　さけのミルフィーユ
- 41 　かれいのカレーもどき
　　　蒸したらの白いタジン
- 42 　コラム／きちんと計量しよう

野菜と果物の食材帖
- 44 　葉菜類
- 46 　根菜類
- 48 　果菜類
- 50 　きのこ類・豆類
- 52 　香草、ハーブ類・スプラウト類

野菜のレシピ
- 54 　ドッグポトフ
- 55 　はるさめチャンプルー／マカロニサラダ
- 56 　クリームシチュー／卯の花ベジごはん
- 57 　はくさいと納豆ロール
　　　あわと野菜のごはんスープ

- 58 　果物

- 60 　ごはんを食べない時は？
- 62 　コラム／残らないように作ろう

穀類とその他の食材帖
- 64 　穀類
- 66 　穀類加工品
- 68 　大豆加工品・乳製品
- 70 　乾物・藻類
- 72 　油脂類・でん粉類・その他の食材

穀類のレシピ
- 74 　豆まぜごはん
- 75 　豆腐のとろとろ丼／ごまがゆ
- 76 　かんたん手作りうどん／アレンジみぞれうどん
- 77 　かんたん手作りパンケーキ
　　　アレンジスープパンケーキ

- 78 　甘くない手作り犬スイーツ
　　　りんごのくず煮／焼きバナナの渦巻きパンケーキ
　　　いちごの豆乳かん／クレープのクリーム包み
　　　かぼちゃの水まんじゅう／手作りふ菓子

- 80 　コラム／油について

こんな時にあげたい食材＆与え方メモ

- 82 「消化によい食材」の与え方
- 83 「胃腸をサポートする食材」の与え方
- 84 「体を温める食材」の与え方
- 85 「ターンオーバーを促す食材」の与え方
- 86 「デトックスに効果的な食材」の与え方
- 87 ワクチンや投薬後のデトックス
- 88 「シニア犬の滋養強壮食材」の与え方
- 89 効果的な水の飲ませ方

- 90 食物アレルギーの基礎知識
- 92 アレルギーにさせない食生活
- 94 健康ウンチCHECK

- 96 コラム／食べ物の硬さと歯の健康

体重別摂取カロリー早見表

- 98 すべての病気につながる「肥満」に気をつけて
- 100 「ボディコンディションスコア」で体型チェック

- 102 超小型犬（3kg以下）
- 104 小型犬（3〜10kg）
- 106 中型犬①（10〜15kg）
- 108 中型犬②（15〜20kg）
- 110 大型犬（20kg以上）

この本の使い方

この本は基本的にこのような要素で構成されています。

肉と魚　牛

牛

植物性たんぱく質よりも吸収率の高いたんぱく質を含み、抵抗力をつけるのに役立つといわれています。また、たんぱく質の元になるアミノ酸のうち、必須アミノ酸をバランスよく含有しています。脂肪、ヘム鉄、ビタミンB群や亜鉛などのミネラル類も豊富。鉄の吸収を高めるビタミンCと一緒に摂るのが望ましく、寄生虫感染のリスク回避のためにも、60℃以上で加熱、または－10℃以下で10日以上冷凍した肉を与えてください。

牛の部位

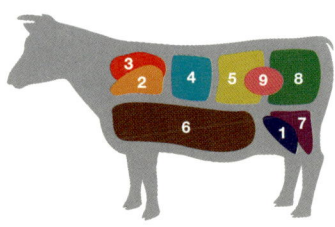

❶ もも
❷ かた
❸ かたロース
❹ リブロース
❺ サーロイン
❻ ばら
❼ そともも
❽ ランプ
❾ ヒレ

もも

最も脂肪が少ないヘルシーな部位　飼い主さんも一緒に楽しみましょう

一般的に「もも」といわれるうちももは、ビタミンB_1、B_2、B_6やたんぱく質が豊富で、赤身が多く、最も脂肪が少ないというヘルシーな部位です。疲労回復や動脈硬化予防などに有効だといわれています。また、ナイアシンも豊富なので、皮ふを健やかに保ちたい犬にもおすすめの肉です。ももの中でも良質な部分は、ステーキやローストビーフなどに最適なので、飼い主さんの食事とともに楽しめます。よく見る薄切りのももは、他の食材を巻いて調理したりと、アレンジ自在に使える1品。逆に固めのブロック肉は、煮込み料理に適しています。牛肉の中ではたんぱく質量が多く、低カロリーなので、メニュー作りに組み込みやすい食材だというのも特徴です。

食材データ（10gあたり）
エネルギー：19.1kcal
主な栄養素：たんぱく質 2.07g、脂質 1.07g、炭水化物 0.06g
※和牛肉、赤肉、生の場合　旬：通年

名称

名称は、「五訂増補日本食品標準成分表」に基づいて表記しています。ただし、一般的な名称のほうがわかりやすい場合や、魚類など地方名などが存在する場合はこの限りではありません。

解説：その食材が含む特徴的な栄養素や犬にとっての効能、おすすめの調理方法や与える時の注意点などをまとめています。こちらを参考に「手作り犬ごはん」のメニューを組み立てることができます。

本書の食品成分値は文部科学省科学技術・学術審議会資源調査分科会報告「五訂増補日本食品標準成分表」の数値を基に算出しています。食品成分値を複製または転載する場合は事前に文部科学省への許可申請もしくは届け出が必要となる場合があります。
問：文部科学省科学技術・学術政策局政策課資源室
E-mail：kagseis@mext.go.jp

かた

脂肪が少なく、ビタミンB12を豊富に含み、悪性貧血予防に効果的です。筋切り後、煮込み料理にするなど、ごはん作りに重宝します。

食材データ（10gあたり）
エネルギー：20.1kcal　主な栄養素：たんぱく質 2.02g、脂質 1.22g、炭水化物 0.03g　※和牛肉、赤肉、生の場合　旬：通年

かたロース

やや固めの肉質で脂肪が多く、ビタミンA、Eを含み、エネルギー源として優秀です。小さなかたまりは炒め物、薄切りは湯通しが最適。

食材データ（10gあたり）
エネルギー：31.6kcal　主な栄養素：たんぱく質 1.65g、脂質 2.61g、炭水化物 0.02g　※和牛肉、赤肉、生の場合　旬：通年

リブロース

脂肪が霜降りになりやすい部位で、ヘム鉄が1番多く含まれます。なるべく脂肪が少なく、しっとりしたものを選びましょう。

食材データ（10gあたり）
エネルギー：33.1kcal　主な栄養素：たんぱく質 1.68g、脂質 2.75g、炭水化物 0.03g　※和牛肉、赤肉、生の場合　旬：通年

サーロイン

脂肪が多く、柔らかい部位。良質なたんぱく質が豊富で、血液や体液を作り体調維持に働きます。ただし、カロリー過多になりがちです。

食材データ（10gあたり）
エネルギー：31.7kcal　主な栄養素：たんぱく質 1.71g、脂質 2.58g、炭水化物 0.04g　※和牛肉、赤肉、生の場合　旬：通年

ばら

赤身と脂肪が層になった固めの肉質で、牛の中で脂肪含有量が最も多い部位。カロリーが高く、1週間のバランスを見て与えましょう。

食材データ（10gあたり）
エネルギー：51.7kcal　主な栄養素：たんぱく質 1.1g、脂質 5g、炭水化物 0.01g　※和牛肉、脂身つき、生の場合　旬：通年

そともも

赤身で色が濃く、脂肪分は少なく、やや固めです。たんぱく質、鉄分、ビタミンB1、B2が豊富で、どんな調理法にも合います。

食材データ（10gあたり）
エネルギー：17.2kcal　主な栄養素：たんぱく質 2.07g、脂質 0.87g、炭水化物 0.06g　※和牛肉、赤肉、生の場合　旬：通年

ランプ

脂肪が少ない赤身の肉で、たんぱく質量が多いです。貧血や老化予防に効果的。

食材データ（10gあたり）
エネルギー：21.1kcal　主な栄養素：たんぱく質 1.92g、脂質 1.36g、炭水化物 0.05g　※和牛肉、赤肉、生の場合　旬：通年

ヒレ

高たんぱく、低脂肪で、鉄分、ビタミンB1、B2、B6、B12など栄養価が高いです。

食材データ（10gあたり）
エネルギー：22.3kcal　主な栄養素：たんぱく質 1.91g、脂質 1.5g、炭水化物 0.03g　※和牛肉、赤肉、生の場合　旬：通年

ひき肉

赤身のひき肉を選べば、カロリーは約5割、脂肪は約3割にまで抑制可能です。

食材データ（10gあたり）
エネルギー：22.4kcal　主な栄養素：たんぱく質 1.9g、脂質 1.51g、炭水化物 0.05g　※生の場合　旬：通年

食材データ

エネルギー：可食部10gあたりの食材のエネルギーを表記しています。数値は「五訂増補食品標準成分表」を基に算出しています。単位はkcal（キロカロリー）です。

主な栄養素：その食材の特徴的な栄養素を表記しています。mg（ミリグラム）は1／1000g、μg（マイクログラム）は1／1000mgです。ビタミンEにはα、β、γ、δの4種類がありますが、本書ではα−トコフェロールの数値を掲載しています。0は最小記載量の1／10未満または検出されなかったもの、Trは含まれているが最小記載量に達していないものとなります。

旬：食材が最もおいしく栄養価が高いといわれている時期を表記しています。ただし、加工品や輸入されたものなどには該当せず、栽培方法などによっても異なるため、あくまでも目安とお考えください。

犬の体と食事について

愛犬に手作りのごはんを食べさせてあげたい……。そう考えた時にまず知っておくべきこととは？　犬は私たち人間とは違った体の構造や機能の特徴を持っています。「手作り犬ごはん」を始める前に、まずは犬の体や食生活についての基礎知識を勉強しておきましょう。

犬の本来の食事のスタイル

現在は雑食で基本的になんでも食べるようになった犬ですが、本来は肉食の動物です。肉を消化することは人間より得意ですが、穀物や野菜を消化することを苦手としています。あまり咀しゃくはせず、食べ物を飲み込む時の潤滑油としてだ液が使われ、だ液には人間のように炭水化物を分解するでんぷん消化酵素が含まれていません。また、犬も人間もセルロースを分解する酵素を持っていないため、食物繊維を摂っても消化して養分にすることはできませんが、「腸をお掃除できる」「低カロリーで満足感があるからダイエットに利用できる」など、メリットを手作りごはんに活かすことができます。ただし、野菜を大量に食べると腸内細菌によって発酵し、ガスがたまりやすくなるので、注意が必要です。

犬の胃と腸の特徴

犬は肉食動物のなごりで、体に対して、とても大きな胃を持っています。消化に時間がかかる植物を主食としていて、長い腸が必要な人間や草食動物に比べると、腸は短くなっています。野性の肉食動物は捕えた獲物を一気に食べて、数日胃の中に置いて少しずつ消化していき、栄養を摂り入れることが可能です。大型犬にはこの機能がまだ残っていますが、ペットとして飼われている小型犬はその機能をほとんど失ってしまいました。また、犬は食後に運動すると、胃拡張や胃ねんてんを起こしやすい傾向もあります。強酸性の胃液を持っているため、生肉の細菌に対処できるともいわれていますが、現代の家庭犬の場合、細菌の多い肉を食べると不調をきたす可能性が高く、新鮮なものに限って与えることが必須です。

🐾 犬の歯の機能について

犬の歯は肉を引き裂き、骨を噛み砕くのに適した形をしており、明らかに肉食に向いています。消化をよくするために細かく咀しゃくする機能を持つ歯はなく、ひと口大にカットする程度です。噛めないものはすべて丸飲み。ですから、ドッグフードは丸飲みしても消化できるように作られています。手作りごはんの場合、肉はある程度大きいかたまりでも消化できますが、消化しにくい野菜などは、細かくきざむか、すり潰すなどの工夫が必要です。

🐾 犬に塩分がいけないといわれているのはなぜ？

犬は足の裏にわずかに汗腺があるのみで、人間ほど塩分を必要としません。さまざまな食材にはすでに塩分（ナトリウム成分）が含まれているため、それ以上の塩分をあえて添加する必要はありません。もちろん水分を十分に摂取していれば、不要な塩分は排出できるので、すぐに病気になることは少ないでしょう。しかし、犬の寿命が長くなった現代に、塩分過多の食事を続けると、腎臓などの臓器を傷めたり心疾患になったりするリスクが高まります。

🐾 犬の味覚は人間と違う？

犬の味らい（味を感じる器官）の数は人間より少なく、人間が考えているほど味にこだわりはないと思われます。しかし、「酸っぱい＝腐っている」「苦い＝毒」と感じる動物の本能から、酸味や苦味は好まない傾向があります。また、塩味や甘味などは、味があるほうがおいしいと感じるため、食べ慣れてしまうと、味がないと刺激を感じなくなり、食べなくなってしまうことも。ごはんを食べない子は、味のついたおやつの食べ過ぎが原因の場合もあります。

栄養バランスの話

生きていくために必要不可欠な栄養素は、犬も人間も同じ。体を構成し、エネルギー源となる三大栄養素は「たんぱく質」「脂肪」「炭水化物」です。犬は、長い間、人間と共に暮らす中で雑食化が進みましたが、これらの栄養素を食べ物から摂り入れなければ、犬も人間も健康に生きることができません。

成犬 （小型犬1〜6歳、大型犬1〜4歳）

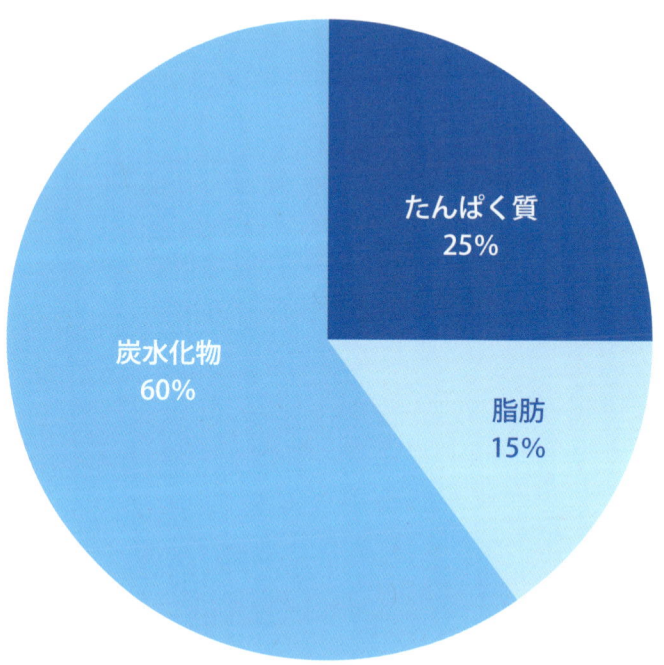

※炭水化物には糖質と食物繊維を含みます。

1回の食事で完全な栄養バランスを求めるのは、私たち人間の食事でも難しいもの。3日や1週間など、ある程度の期間の中で栄養素に過不足がないか食事内容を見直し、バランスを取るように心がける必要があります。「○○は体によい」という情報を元に、ある栄養素を過剰に摂ることは、他の栄養素の欠乏を招き、よいバランスとはいえません。毎日の食事で強化したい栄養素がある場合には、お互いに補い合う他の栄養素を摂り入れて、バランスを取っていくことも大切です。グラフに示した割合はあくまでも目安なので、体重の変化などを見ながら調節していきましょう。

ライフステージ別の栄養バランス

必要な栄養素はライフステージにおいても変化します。幼犬とシニアでは生体の維持に必要な栄養素の量は4倍も変わるといわれています。生活環境や生活する地域、犬種、活動量によっても変わります。幼犬の場合は1カ月単位で体つきが変わっていきますし、シニアも7歳と14歳では大分違いますので、これらはあくまで目安として、日々の観察が重要です。

幼犬（0〜12ヵ月齢）

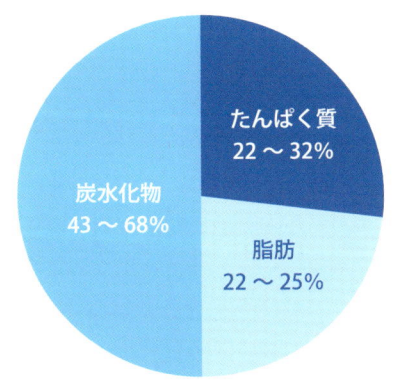

※炭水化物には糖質と食物繊維を含みます。

たんぱく質の必要量は離乳前後が最大で、その後徐々に低下していきます。成長期にはたんぱく質を含むおかゆ状などの消化によい食事が必要です。成長期の犬の1日あたりの必須脂肪酸の必要量は250mg／kgと推定されており、月齢によってこの量には10〜25％の間で大きく幅があります。脂肪は食事が持つエネルギー量に大きく関係していて、過剰なエネルギー摂取は肥満による大型犬の骨格疾患などの原因となります。大型犬の場合は、特にエネルギー摂取が過剰にならないように注意しましょう。

シニア（小型犬約7歳〜、大型犬約5歳〜）

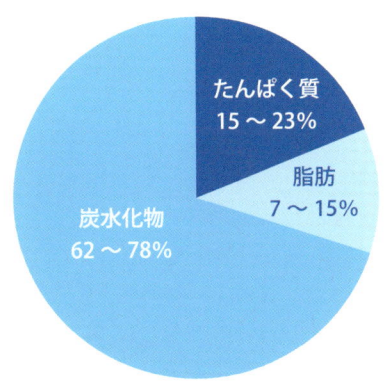

※炭水化物には糖質と食物繊維を含みます。

高齢になると体温や活動量は低下し、皮下脂肪が増加します。7歳くらいまでの間に必要なカロリーや栄養素は12〜13％減少するといいます。加齢による体重や体脂肪の増加は、活動量の減少にもかかわらず過剰にカロリーを摂取していることが原因です。また、極めて高齢になると体重が落ちるため、エネルギー補給に高脂肪で嗜好性が高く、高品質なたんぱく質を与えます。免疫の低下を防ぐには、肥満に気をつけつつ、必要なカロリーを摂取することです。これらが健康を維持する秘訣といえるでしょう。

犬に必要な栄養素

動物が生きるために摂り入れなければならないものを栄養素といいます。犬にも「たんぱく質」「脂肪」「炭水化物」「ビタミン」「ミネラル」の五大栄養素が必要です。これらをバランスよく摂ることで健康な体を作ることができます。それぞれの働きについてかんたんに知っておきましょう。

🐾 たんぱく質

> 動物性たんぱく質：肉、卵、魚、乳製品など
> 植物性たんぱく質：だいず、豆類、ナッツ類、穀類など

体の組織を作り、生命を維持するために必要不可欠な栄養素です。動物性たんぱく質と植物性たんぱく質があります。内臓、筋肉、血液、皮ふなど体の大部分がたんぱく質によって構成されており、その細胞は日々生まれ変わります。体内で合成できないため、外部から摂取しなければならない必須アミノ酸をバランスよく含んでいるたんぱく質を与えることが重要です。体を作る元になるものですから、不足すると体のすべてに影響するといってもいいでしょう。

🐾 脂肪

> 動物性脂肪：肉類の脂、バター、ラードなど
> 植物性脂肪：植物油など

体を動かすエネルギー源で、そのエネルギーはゆっくり体に使われます。必須脂肪酸の供給源でもあり、脂溶性ビタミンの吸収を助ける働きも。動物性脂肪と植物性脂肪に分けられます。脂肪は細胞膜やホルモンの生成に必要なもので、正しく適量を摂れば体調・体質改善に役立ち、嗜好性を高める効果もあります。ただし、動物性脂肪には飽和脂肪酸が多く含まれ、摂り過ぎると、肥満や動脈硬化の原因や、悪玉コレステロールがたまりやすくなります。

🐾 炭水化物

> 糖質：白米、玄米、麦、パン、いも類、とうもろこしなど
> 食物繊維：野菜、きのこ、果物、海藻など

糖質と食物繊維で構成される炭水化物は、体を動かすエネルギー源の主力です。中でも糖質であるでんぷんは、犬にとって1番吸収しやすい炭水化物です。穀類やいも類はでんぷんの性質として生だと消化できないため、必ず加熱しましょう。食物繊維は消化酵素では消化されない栄養素で、水溶性のものと不溶性のものに分けられます。食物繊維は腸の運動を活発にしたり、コレステロールの吸収を抑制したりする働きを持っています。

🐾 ビタミン

体が生理機能を行うために欠かせない栄養素のひとつです。水溶性ビタミンと脂溶性ビタミンがあり、過剰な水溶性ビタミンは排出され、脂溶性ビタミンは蓄積します。

水溶性ビタミン

ビタミンB₁（チアミン）

糖質とアミノ酸を代謝し、エネルギーを作る。成長、神経伝達物質に必要。
多く含む食材：豚、緑黄色野菜、豆類、全粒穀物、米ぬか、ごま他
欠乏症：脚気、浮腫、神経炎、心臓肥大、四肢の失調、全身マヒ他

ビタミンB₂（リボフラビン）

エネルギーの代謝、皮ふ・角膜維持、酵素の働きを助ける成分を作る他。
多く含む食材：卵、緑黄色野菜、酵母、乳製品他
欠乏症：成長停止、脂漏性皮ふ炎、乾燥性皮ふ炎、白内障、口唇炎他

ナイアシン（ビタミンB₃）
エネルギーを代謝し、脂肪酸を合成する。酵素の働きを助ける。
多く含む食材：酵母、鶏ささ身、まいたけ、豆類、かつお節、魚粉他
欠乏症：皮ふ炎、下痢、中枢神経異常、黒舌病（犬ペラグラ病）他

ビタミンB₆（ピリドキシン）
アミノ酸の代謝に必要なビタミン。神経伝達物質を合成する。
多く含む食材：肉、緑黄色野菜、全粒穀物、天かす他
欠乏症：皮ふ炎、神経炎、貧血、筋肉の脆弱化、腎臓障害他

ビタミンB₁₂（コバラミン）

赤血球や神経の働きを助ける。葉酸活性を助けることに必要。
多く含む食材：肉、卵、魚介類、酵母他
欠乏症：悪性貧血、神経障害、成長抑制、活性化葉酸（THF）欠乏他

葉酸（フォラシン）

核酸とアミノ酸の代謝、血液を作る。リン脂質の合成に必要。
多く含む食材：緑黄色野菜、卵黄、キャベツ、果物、酵母、わかめ他
欠乏症：悪性貧血、舌炎、口角炎、白血球減少、食欲不振、成長抑制他

パントテン酸

糖質・脂肪・アミノ酸を代謝する。コエンザイムAの構成成分。
多く含む食材：さけ、肉、卵黄、だいず、ナッツ類、米、納豆他
欠乏症：皮ふ炎、脱毛、下痢、成長抑制、脂肪肝、低コレステロール血症他

ビタミンC（アスコルビン酸）

免疫機能の増進、コラーゲンとカルチニンの合成。抗酸化作用。
多く含む食材：ブロッコリー、じゃがいも、トマト、ピーマン他
欠乏症：酸化、壊血病、倦怠感、感染症、老化の進行他

その他：脂肪・糖質・アミノ酸を代謝して炎症を抑制するビオチン、神経伝達や肝臓の働きに関与するコリンなど。

脂溶性ビタミン

ビタミンA

視覚・粘膜の機能、成長、細胞の分化と機能、骨の代謝を維持する。
多く含む食材：にんじん、卵黄、緑黄色野菜、とうもろこし他
欠乏症：夜盲症、眼球乾燥症、皮ふ障害、免疫機能低下他

ビタミンD

カルシウム・リンの吸収を促進。骨の正常な発育を助ける。
多く含む食材：干ししいたけ、卵黄、かれい、さけ、きくらげ他
欠乏症：骨軟化症、低カルシウム血症、副甲状腺機能亢進症他

ビタミンE

細胞膜の構造・生殖腺・筋肉・神経系の機能を維持。脂肪の酸化を抑制。
多く含む食材：豆類、肉、緑黄色野菜、穀類、胚芽、植物油他
欠乏症：退行性骨格筋疾患、精子形成障害、脂褐素症、筋肉の脆弱化他

ビタミンK

血液凝固因子の機能を維持。骨の代謝機能を維持、細胞を増殖させる。
多く含む食材：パセリ、卵黄他
欠乏症：血液凝固不全、出血性病変。薬剤投与や消化器疾患による吸収不良時に不足する可能性がある

※脂溶性ビタミンは体内に蓄積しやすく、過剰摂取による中毒もあるため注意しましょう。

🐾 ミネラル

生理機能に欠かせない体を構成する栄養素で、体液や骨などにも存在し、酵素やホルモンなどの働きを活発にします。体内では作れない栄養素で、食べ物からの摂取が必要です。

ナトリウム

浸透圧とpHの維持、細胞内の栄養素の移行を調整、水分代謝を促進。
多く含む食材：煮干し、しらす干し、パン、チーズ他
欠乏症：筋肉のけいれん、脱水症状、嘔吐、動悸、食欲不振、極度の倦怠感他

カリウム

細胞内の栄養素移行調整、水分の代謝を促進。ナトリウムと一緒に働く。
多く含む食材：こんぶ、しらす干し、切干しだいこん、焼きいも、さといも、しそ、パセリ、納豆、煮干し、あおさ、ひじき、わかめ他
欠乏症：不整脈、頻脈、筋力低下、食欲不振、発育障害、脱水症状他

カルシウム

骨や歯などを健康に保ち、筋肉の収縮、細胞分裂などを調整する。
多く含む食材：ごま、ししゃも、こまつな、なばな、みずな、だいこん、切干しだいこん、パセリ、納豆、木綿豆腐、凍り豆腐、無脂肪乳、チーズ他
欠乏症：クル病、骨軟乳化症、骨粗しょう症他

マグネシウム

神経の興奮の抑制や酵素を活発化する。骨の構成成分のひとつ。
多く含む食材：ひじき、えんどうまめ、そらまめ、あずき、いんげんまめ、小麦胚芽、納豆、油揚げ、無脂肪乳、ごま、あおのり、のり、わかめ他
欠乏症：成長遅延、過激な刺激感受性テタニーと呼ばれるけいれん他

リン

核酸の成分で、細胞膜の構成成分を作る。エネルギーを受け渡しする。
多く含む食材：乾物、肉類、卵黄、きんめだい、魚類、小魚、ナッツ類、大豆加工品、乳製品、干物、そば他
欠乏症：骨の成長阻害、異常嗜好、繁殖機能低下、衰弱、食欲不振他

鉄

体中に酸素を運搬。非ヘム鉄はビタミンCと摂取すると吸収されやすい。
多く含む食材：きくらげ、牛もも、卵黄、こまつな、切干しだいこん、のり、ひじき、大豆加工品、ごま他
欠乏症：貧血、血中ヘモグロビン低下、倦怠感、食欲不振他

亜鉛

たんぱく質の合成や性ホルモンを生成する。ALPなどの代謝に必要。
多く含む食材：牛、卵黄、マトンもも、アマランサス、ごま、松の実他
欠乏症：味覚障害、嘔吐、角膜炎、被毛変性、食欲の低下、成長障害、皮ふの異常、骨の異常他

銅

毛・皮ふの保護。貧血を防止する。多くの酵素を活性化する。
多く含む食材：そらまめ、えごま、ごま、アーモンド、湯葉他
欠乏症：骨格異常、貧血、成長遅延、体毛の褐色、心不全、神経症状他

マンガン

ブドウ糖や軟骨成分のコンドロイチンを作るのに必要な酵素の成分。
多く含む食材：玄米、きくらげ、豆類、しそ、バジル、パセリ、小麦、納豆、油揚げ、ごま、あおのり、のり他
欠乏症：成長遅延、流産、骨格異常他

ミネラル摂取は片寄らないことが大切！

ミネラルの特徴として、ひとつのミネラルを多く摂ると他のミネラルの吸収が低下します。
● リン、カルシウム、カリウム、脂肪、たんぱく質が多い場合→マグネシウムの吸収が低下
● リン、鉄、コバルトが多い場合→マンガンの吸収が低下
● カルシウム、マグネシウムが多い場合→リンの吸収が低下（食物繊維が多い食事もリンの利用性を低下）

また、カルシウムとリンが適当な栄養状態にあるためには以下の条件が必要です。
① それぞれが十分に与えられていること
② 理想的なカルシウムとリンの比率は2～1：1でこの比率からあまり外れないこと
③ ビタミンDが存在すること
※腎疾患のある子にはたんぱく質、ナトリウム、リンは制限されます。

その他：甲状腺ホルモンを合成するヨウ素など。
※ナトリウム、カリウム、カルシウム、マグネシウム、リン、鉄、銅、ヨウ素は過剰摂取すると健康障害が出やすくなるので注意しましょう。

手作りごはんとドッグフードの違い

手作りごはんとドッグフード、どちらの食事にもメリットとリスクがあります。大切なのは、目の前にいる愛犬の状態を見て選択することです。年齢や持病や体質などを考慮の上、1番よいと思える食事を選択できれば、リスクは軽減するでしょう。それぞれのメリットとリスクについて考えてみます。

手作りごはん

○メリット
- 季節の新鮮な食材を使用できる
- 材料を厳選できる（材料の品質を管理できる）
- 取り入れたい素材で調理できる
- 人間と同じ食材が使用できるので経済的
- 調理方法や器具が選択できる
- 食物アレルギーのアレルゲンを除去できる

×リスク
- 忙しい飼い主さんには調理が負担になることもある
- 知識がないと栄養バランスが崩れてしまうことがある
- 素材の使い方や保存方法、調理方法によって栄養素の変性を招く
- 調理器具の選択によって栄養素の破壊や有害物質の発生を招く
- 調理後の保存状況で食中毒を起こすことがある

ドッグフード

○メリット
- 手作りごはんほど栄養バランスを考えなくてもよい
- 食事を作る手間がかからない（品質が変わらず同じ物を与えられる）
- 疾患別に療法食があり、疾患の進行をコントロールできる
- 低予算でも購入できるフードがある
- 保存が効く
- 食中毒や寄生虫感染などの心配がほとんどない（高温調理のため）

×リスク
- 原料や調理環境の詳細を確認できない
- 安全性が保障されていない
- 添加物が投入されている
- 酸化防止は施されているが、開封されると酸化が進む
- 生産管理や原料の問題でまれに混入物がある

ごはん作りの注意点

袋に書いてある1日量の目安に従って、お皿に入れてあげるだけのドッグフードと違い、手作りごはんには決められた分量などはありません。初めて作る人にはとまどうことも多いでしょう。犬のごはんを作る時の注意点について、基本的なことをまとめてみました。

1日のごはんの回数は？

犬は大きな胃を持っているため、目の前にある食べ物をお腹いっぱいになるまで食べてしまいます。しかし、1日分の食事を1回で与えると胃に負担がかかるため、成犬の場合、1日分を2回に分けて与えるとよいでしょう。胃腸が弱い子の場合は3～4回に分けてあげると、より負担が少なくなります。

ごはんの温度は？

作りたてのものは冷ましてから与えるのはもちろんですが、あまり冷めたものは嗜好性が上がりません。人肌か人肌より少し温かいくらいを目安に温めると、嗜好性が上がります。穀物やじゃがいもなどでんぷんを含むものは、加熱後に冷蔵庫で冷やすと消化できなくなる特性があり、冷まし過ぎるのも避けたほうがよいでしょう。

ごはんの味つけは？

基本的に味つけをする必要はありません。食べなくて悩んでいる子の場合は、かつおだしやこんぶだしなどをかけると嗜好性が上がります。今まで味つけしていた子は、味がないと食べない可能性があるため、徐々に減らしましょう。

1回のごはんの量は？

年齢や健康状態などによりますが、目安は頭の大きさが胃の大きさ。その80〜90%が1回分の食事の量となります。便の量や体重などを観察しながら1日に与えるカロリーや量を調節して、その中でバランスを心がけましょう。

使う食材の大きさは？

すり下ろすもの以外の食材の大きさは、ドッグフードの粒と同じくらいの大きさを目安にするとよいでしょう。素材によって丸飲みしてのどに詰まらせる心配がある場合は、さらに小さめにして与えるようにします。

加工品を使ってもいい？

ハムやソーセージなど、加工品は塩分を添加してある場合がほとんどです。塩分過多を防ぐため、なるべく使用しないほうがよいでしょう。缶詰なども内容物をよく確認して、塩分が多く添加されているものは避けましょう。

食べさせないほうがよい食材

人間が普段食べていて平気なものでも、犬には害を及ぼしてしまう食材が意外と多くあります。中には食べさせると中毒症状やショック状態を引き起こすものもあるので、飼い主さんが気をつけて与えることが大切です。ここでは食べさせないほうがよい食材と与える時に注意が必要な食材を集めました。

食べさせないほうがよい食材

⚠️ ……特に危険です。

⚠️ ねぎ類（たまねぎ、長ねぎ、にら、にんにくなど）

赤血球を破壊し、血尿や下痢、嘔吐、発熱などを起こします。加熱分解されないため煮汁を与えるのも厳禁。

ぶどう・干しぶどう

中毒症状を引き起こし、腎不全の原因になります。特に、ぶどうの皮は与えてはいけません。

キシリトール入りのガムなど

キシリトールは、たとえ少量でも血糖値の低下や嘔吐、肝不全などを起こします。

香辛料

胃腸を刺激して下痢などのトラブルの原因になります。消化吸収の過程で肝臓や腎臓にも負担をかけます。

加熱した鶏の骨

加熱した鶏の骨は縦にさけやすく、鋭利な形状になり、のどや消化管を傷つける危険があります。

トマトやなすのヘタ・じゃがいもの芽

ソラニンという成分が中毒を引き起こします。緑色に変色したじゃがいもの皮もしっかり取り除くこと。

❖ 身近な植物の中にも危険なものが！ ❖

散歩の途中や、観葉植物として家にある植物の中にも、犬にとって有毒なものがあります。下痢、嘔吐、けいれんなどの症状を引き起こし死に至ることもあるので、口にさせないようにしましょう。

- アイビー（葉）
- ポインセチア（茎の樹液・葉）
- カラー（葉・茎）
- キョウチクトウ（樹皮・根・葉・枝）
- アヤメ（根・茎）
- ジンチョウゲ（花・葉）
- スイセン（特に根の部分）他

注意が必要な食材

たこ、いかなどの軟体動物・えび、かになどの甲殻類

たこやいかなどは消化が悪く、下痢や嘔吐の原因、のどに詰まらせることや食物アレルギーも多いです。

ほうれんそう

シュウ酸カルシウム尿石症の原因に。ゆでてアク抜きすると、シュウ酸の量を減らすことができます。

生の豆やナッツ類

消化が悪いので、そのまま与えるとのどに詰まらせたり下痢や嘔吐の原因になったりします。

チョコレート・ココア

テオブロミンという成分が嘔吐、下痢、発熱、けいれんの発作やショック症状を引き起こすこともあります。

コーヒーや紅茶、緑茶など

カフェインが含まれ、下痢、嘔吐、体温不調、多尿、尿失禁、てんかんなどの発作を起こすことがあります。

生の卵白

アビジンという酵素が、皮ふ炎、成長不良の症状を引き起こします（加熱調理すれば問題ありません）。

砂糖

ビタミンB_1欠乏症やカルシウム不足の症状を引き起こすことがあります。過剰摂取は肥満の原因に。

マグネシウムが多い食品

マグネシウムの過剰は尿路疾患を引き起こすことがあり、腎臓や心臓にも負担をかけます。

塩分が多い食品

やはり腎臓や心臓に負担をかけるため、加工食品を与える際は含まれる塩分に要注意です。

レバー

ビタミンA、Dが過剰になるとカルシウム濃度が上昇し石灰化したり、骨の変形を引き起こしたりします。

アルコール

嘔吐や下痢、意識障害を起こし、大量摂取すると致命的なトラブルに。内臓に負担もかかり、少量でも注意。

生の魚

ビタミンB_1（チアミン）分解酵素で急激なマヒなどを起こす可能性が（加熱調理すれば問題ありません）。

生の肉

細菌の多いものを食べると不調をきたす可能性が高く、新鮮な場合に限って与えることが必須です。

牛乳

犬は乳糖を分解するラクターゼという酵素が不足しているため、下痢を起こす可能性があります。

「手作り犬ごはん」を作る前に

調理に取りかかる前に食材の下ごしらえを行うのは基本的に人間用の食事を作る時と同じです。人間よりも体が小さい犬の場合、食材に含まれる有害物質の影響がより大きくなってしまう可能性もあります。また、消化能力に応じて、食材の大きさを調節することも大切です。

下ごしらえ

昔から伝わる野菜の下ごしらえには、有害物質を取り除いたり、味をよくしたり、必ず意味があります。愛犬の体のことを考えて、ひと手間を惜しまないようにしましょう。

じゃがいも（さつまいもも）はアクリルアミドという有害物質の影響をなくすため、水が白く濁らなくなるまで水を換え、さらしてから調理しましょう。

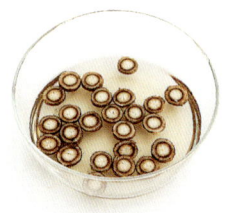

ごぼうは水につけ過ぎるとポリフェノールが溶け出してしまうので、切ってそのまま調理してもOK。えぐみを嫌がる場合は、軽く水にさらしましょう。

さといもややまのいもを触るとかゆくなりますが、その成分はシュウ酸カルシウムで、結石の原因にもなります。水でぬめりをよく取りましょう。

食材を切る

消化能力には個体差があり、それに応じて、使う食材の大きさも変わってきます。便を観察することで、どの程度の大きさであれば適応できるのかを見極めていきましょう。

野菜などの食材は、消化のことを考えて、食べているドッグフードのひと粒の大きさを目安にして切るとよいでしょう。

便を観察して、ドッグフードの大きさに切った食材が残っているようであれば、今度は粗みじん切りにして与えてみましょう。

粗みじん切りにしても便の中に残っている場合は、もっと細かくおろし器やフードプロセッサーですり下ろして与えましょう。

食材の調理法

ヘルシーなイメージの「蒸す」「煮る」などの調理法に偏りがちですが、油を使った調理法をたまに取り入れてみると、嗜好性を高め、レパートリーを増やすことができます。

蒸す

1番おすすめの調理法。栄養素を逃がさず、凝縮させることができます。蒸し器が面倒な場合は、簡単に使えるタジン鍋などの調理器具も活用しましょう。

煮る

柔らかく煮ることで消化しやすくなり、かさが減って食べやすくなります。栄養素が溶け出した汁ごと与えられるのもメリットです。

炒める

少量の油を使って炒めることで、嗜好性が上がります。脂肪分が少ない食材を用いた時などには特におすすめしたい調理法です。こがさないように注意。

炒め煮

炒めた後に、水やお湯を加えて炒め煮にすれば、水溶性ビタミンと脂溶性ビタミン両方を効率的に吸収することが可能になります。

ゆでる

アクのある野菜や、食物繊維が多い食材を柔らかくして調理したい場合などは、先にゆでてから使いましょう。ゆでることで消化もよくなります。

揚げる

油が嗜好性を上げ、緑黄色野菜などは揚げることで甘味が増し、吸収もよくなります。脂肪過多にならない程度にたまに取り入れてみたい調理法です。

焼く

焼いて与えると、レパートリーを増やすことにもつながります。こげてしまうと酸化物質になってしまうので、こがさないように注意しましょう。

❖ 生肉を与える時の注意点 ❖

傷んだ生肉を与えてしまった場合に胃腸の不良、細菌中毒のリスクが心配です。傷んだものを続けて与えれば体が抗体（食物アレルギー）を作りやすくなります。細菌は表面に付着しているため、肉の表面を焼くと、細菌感染のリスクを軽減できるでしょう。

食材を食べやすくするアレンジ法

前ページの調理法にさらにひと手間加えると、見た目にもきれいな1品に早変わりします。食べさせにくい食材を取り入れる際にも便利です。さまざまなアレンジ方法を知っておけば、飼い主さんもマンネリ感を感じることなく、楽しみながら手作りを続けられます。

✓ 食材を「包む」

いろいろな食材をひとつにまとめられるメリットがあります。外出先にお弁当のように持ち運べる点も便利です。食材を乾燥させずに、うま味を封じ込めるという利点もあります。包む食材はクレープや、はくさいの葉の部分をゆがいたものでロールキャベツ風にしてもよいでしょう。

✓ 食材を「巻く」

毛の長い犬の場合でも口のまわりを汚さずに食べさせられるという利点があります。納豆などのネバネバしている食材や色のついたものでも食べさせやすくなるのです。のりを使えばのり巻き風にもなります。その他、ライスペーパーで生春巻き風にするのもおすすめです。

✓ 食材に「ふりかける」

普段の食事にアクセントをつけたい時は、少量のトッピングをふりかけると香りが出て、犬の嗜好性を上げることができます。ごまやあおのりなど、あまり大量に与えるものではないけれど、栄養素をちょっと足したいと思う食材を摂り入れる時にもとても便利な方法です。

✓ 食材に「とろみをつける」

とろみをつけるというとかたくり粉が一般的ですが、滋養強壮にいいくず粉を使えば、栄養的な効果も得られます。病気の犬やシニアなど飼い主さんが食べさせてあげないと食事ができない場合は、とろみがあることですくいやすく、口に入れやすくなるでしょう。

肉と魚の食材帖

Meat and Fish

牛

植物性たんぱく質よりも吸収率の高いたんぱく質を含み、抵抗力をつけるのに役立つといわれています。また、たんぱく質の元になるアミノ酸のうち、必須アミノ酸をバランスよく含有しています。脂肪、ヘム鉄、ビタミンB群や亜鉛などのミネラル類も豊富。鉄の吸収を高めるビタミンCと一緒に摂るのが望ましく、寄生虫感染のリスク回避のためにも、60℃以上で加熱、または－10℃以下で10日以上冷凍した肉を与えてください。

牛の部位

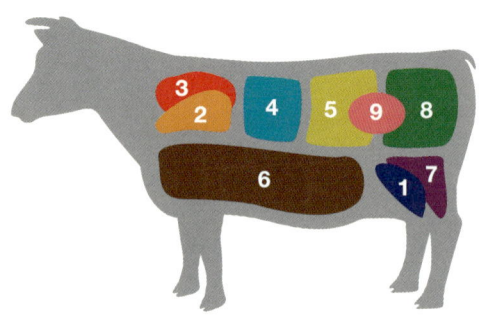

1. もも
2. かた
3. かたロース
4. リブロース
5. サーロイン
6. ばら
7. そともも
8. ランプ
9. ヒレ

もも

最も脂肪が少ないヘルシーな部位
飼い主さんも一緒に楽しみましょう

一般的に「もも」といわれるうちももは、ビタミンB_1、B_2、B_6やたんぱく質が豊富で、赤身が多く、最も脂肪が少ないというヘルシーな部位です。疲労回復や動脈硬化予防などに有効だといわれています。また、ナイアシンも豊富なので、皮ふを健やかに保ちたい犬にもおすすめの肉です。ももの中でも良質な部分は、ステーキやローストビーフなどに最適なので、飼い主さんの食事とともに楽しめます。
よく見る薄切りのももは、他の食材を巻いて調理したりと、アレンジ自在に使える1品。逆に固めのブロック肉は、煮込み料理に適しています。牛肉の中ではたんぱく質量が多く、低カロリーなので、メニュー作りに組み込みやすい食材だというのも特徴です。

食材データ（10gあたり）
エネルギー：19.1kcal
主な栄養素：たんぱく質 2.07g、脂質 1.07g、炭水化物 0.06g
※和牛肉、赤肉、生の場合　旬：通年

かた

脂肪が少なく、ビタミンB_{12}を豊富に含み、悪性貧血予防に効果的です。筋切り後、煮込み料理にするなど、ごはん作りに重宝します。

食材データ（10gあたり）
エネルギー：20.1kcal　主な栄養素：たんぱく質2.02g、脂質1.22g、炭水化物0.03g　※和牛肉、赤肉、生の場合　旬：通年

かたロース

やや固めの肉質で脂肪が多く、ビタミンA、Eを含み、エネルギー源として優秀です。小さなかたまりは炒め物、薄切りは湯通しが最適。

食材データ（10gあたり）
エネルギー：31.6kcal　主な栄養素：たんぱく質1.65g、脂質2.61g、炭水化物0.02g　※和牛肉、赤肉、生の場合　旬：通年

リブロース

脂肪が霜降りになりやすい部位で、ヘム鉄が1番多く含まれます。なるべく脂肪が少なく、しっとりしたものを選びましょう。

食材データ（10gあたり）
エネルギー：33.1kcal　主な栄養素：たんぱく質1.68g、脂質2.75g、炭水化物0.03g　※和牛肉、赤肉、生の場合　旬：通年

サーロイン

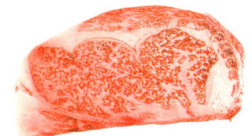

脂肪が多く、柔らかい部位。良質なたんぱく質が豊富で、血液や体液を作り体調維持に働きます。ただし、カロリー過多になりがちです。

食材データ（10gあたり）
エネルギー：31.7kcal　主な栄養素：たんぱく質1.71g、脂質2.58g、炭水化物0.04g　※和牛肉、赤肉、生の場合　旬：通年

ばら

赤身と脂肪が層になった固めの肉質で、牛の中で脂肪含有量が最も多い部位。カロリーが高く、1週間のバランスを見て与えましょう。

食材データ（10gあたり）
エネルギー：51.7kcal　主な栄養素：たんぱく質1.1g、脂質5g、炭水化物0.01g　※和牛肉、脂身つき、生の場合　旬：通年

そともも

赤身で色が濃く、脂肪分は少なく、やや固めです。たんぱく質、鉄分、ビタミンB_1、B_2が豊富で、どんな調理法にも合います。

食材データ（10gあたり）
エネルギー：17.2kcal　主な栄養素：たんぱく質2.07g、脂質0.87g、炭水化物0.06g　※和牛肉、赤肉、生の場合　旬：通年

ランプ

脂肪が少ない赤身の肉で、たんぱく質量が多いです。貧血や老化予防に効果的。

食材データ（10gあたり）
エネルギー：21.1kcal　主な栄養素：たんぱく質1.92g、脂質1.36g、炭水化物0.05g　※和牛肉、赤肉、生の場合　旬：通年

ヒレ

高たんぱく、低脂肪で、鉄分、ビタミンB_1、B_2、B_6、B_{12}など栄養価が高いです。

食材データ（10gあたり）
エネルギー：22.3kcal　主な栄養素：たんぱく質1.91g、脂質1.5g、炭水化物0.03g　※和牛肉、赤肉、生の場合　旬：通年

ひき肉

赤身のひき肉を選べば、カロリーは約5割、脂肪は約3割にまで抑制可能です。

食材データ（10gあたり）
エネルギー：22.4kcal　主な栄養素：たんぱく質1.9g、脂質1.51g、炭水化物0.05g　※生の場合　旬：通年

豚

豚肉は、「疲労回復のビタミン」といわれるビタミン B_1 を肉類の中で最も多く含んでいます。ビタミン A、E、B_2 もバランスよく含まれ、細胞を若々しく保ち、丈夫な体作りをサポートします。また、脳の働きを活発にさせるビタミン B_{12} の他、パントテン酸、ビオチンなども含む栄養価の高い肉で、夏バテしやすい犬には特におすすめです。ただし、量に過不足がないよう、調理法とともに与える分量や部位にも留意してください。

豚の部位

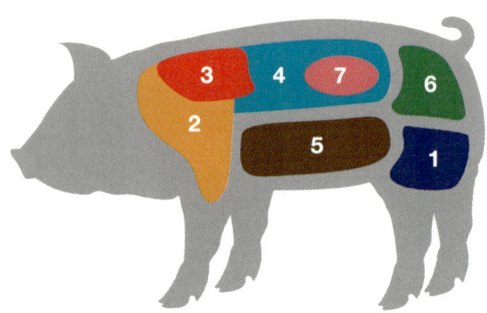

1. もも
2. かた
3. かたロース
4. ロース
5. ばら
6. そともも
7. ヒレ

もも

栄養価が高く値段はリーズナブル
貧血や疲労回復などに効果的です

脚上部の腰につながる部分で、うちももとしんたまを合わせたかたまりの肉です。運動量の多い部位なので、少し固め。脂肪分が少なく、ほとんどが赤身です。また、うま味成分が1番多いのも特徴です。鉄分、ビタミン B_1 を豊富に含み、貧血や疲労回復に有効だといわれています。他にも良質なたんぱく質、ナイアシン、ビタミン B_6 が豊富です。糖質の分解、コレステロールの抑制、たんぱく質の分解などに役立つ部位といえます。

どんな調理法でも調理できますが、加熱し過ぎると固くなりやすいので、細かく切るなど工夫して与えるとよいでしょう。また、比較的安価な部位なので、犬のごはんに取り入れやすいという点でもおすすめの食材です。

食材データ（10gあたり）
エネルギー：12.8kcal
主な栄養素：たんぱく質 2.21g、脂質 0.36g、炭水化物 0.02g　※大型種肉、赤肉、生の場合　旬：通年

かた

**ビタミン B_2 が多く、成長期の犬におすすめ
固めの肉質なので調理法を工夫しましょう**

かたロースと前肢を合わせたよく動かす部位で、肉質は固く、筋が多いのが特徴。色はやや濃いめです。成長に欠かせないビタミン B_2 がヒレに次いで多く含まれています。脂肪は多過ぎず、少な過ぎずのバランスで、全体に混ざっており、うま味もしっかりあります。固めの肉なので、筋切りしたり、柔らかく煮込んだりして仕上げるのがコツ。

食材データ（10gあたり）
エネルギー：12.5kcal　主な栄養素：たんぱく質 2.09g、脂質 0.38g、炭水化物 0.02g　※大型種肉、赤肉、生の場合　旬：通年

かたロース

赤身の中に脂肪が粗い網状に混入。切り身や薄切りにすれば固さは気になりません。たんぱく質、鉄分、亜鉛、ナイアシンが豊富です。

食材データ（10gあたり）
エネルギー：15.7kcal　主な栄養素：たんぱく質 1.97g、脂質 0.78g、炭水化物 0.01g　※大型種肉、赤肉、生の場合　旬：通年

ロース

表面が脂肪で覆われており、キメが細かく柔らかい良質部位。ナイアシンを豊富に含み、皮ふ炎や口内炎予防などに効果的です。

食材データ（10gあたり）
エネルギー：15kcal　主な栄養素：たんぱく質 2.27g、脂質 0.56g、炭水化物 0.03g　※大型種肉、赤肉、生の場合　旬：通年

ばら

赤身と脂身とが層になった別名「三枚肉」。ビタミンA、Eが豊富で、体力強化と健康な皮ふ作りに有効ですが、脂肪が多く注意が必要です。

食材データ（10gあたり）
エネルギー：38.6kcal　主な栄養素：たんぱく質 1.42g、脂質 3.46g、炭水化物 0.01g　※大型種肉、脂身つき、生の場合　旬：通年

そともも

脂肪が少なく、キメが粗いので薄切りでなにかに巻いたり、角切りを煮込んだりするのに最適です。たんぱく質、ビタミン B_1 が豊富。

食材データ（10gあたり）
エネルギー：14.3kcal　主な栄養素：たんぱく質 2.14g、脂質 0.55g、炭水化物 0.02g　※大型種肉、赤肉、生の場合　旬：通年

ヒレ

豚肉の中で最も脂肪が少ない部位。たんぱく質、鉄分、ビタミン B_1、B_2 を多く含み、体力強化、貧血予防、疲労回復などに効果的です。

食材データ（10gあたり）
エネルギー：11.5kcal　主な栄養素：たんぱく質 2.28g、脂質 0.19g、炭水化物 0.02g　※大型種肉、赤肉、生の場合　旬：通年

ひき肉

かたばらやすねを挽いたものが多く、脂肪も多め。たんぱく質、ビタミン B_1 が豊富。傷みやすいので、早めに調理しましょう。

食材データ（10gあたり）
エネルギー：22.1kcal　主な栄養素：たんぱく質 1.86g、脂質 1.51g、炭水化物 0g　※生の場合　旬：通年

鶏・卵

良質なたんぱく質を含み、必須アミノ酸含有量は牛肉や豚肉よりも上で、病後の体力回復を目指す犬におすすめです。脂肪分は牛肉や豚肉の約半分程度で、コレステロールを低下させる不飽和脂肪酸を多く含有しているため、生活習慣病を気にせずに摂取することができます。また、ビタミンAもかなり多く含まれるので、皮ふや粘膜を強化したい犬には効果的です。ただし、リンを多く含むものもあるので、常食は避けましょう。

鶏の部位

1. むね
2. 手羽
3. もも
4. ささ身

むね

脂肪が少なく柔らかい肉質ですが アレルギーの犬は要注意

むねの筋肉の部分で、味は淡泊。脂肪が少ないのも特徴です。肉質が柔らかいので、どんな調理法にも向いています。
ナイアシンやアラキドン酸が豊富で、春に活発になる新陳代謝を促進して、免疫力を高めてくれます。特にナイアシンは、口内炎や神経性胃腸炎を予防する効果があるといわれています。そしてアラキドン酸は免疫系や神経系の機能の調整に関与して、病気の予防や体質の改善が期待できる成分です。アラキドン酸は体内で合成できないので、食物から摂らなければならず、その点で鶏のむねは非常に有効。しかし、アラキドン酸からできるさまざまな物質は、アレルギーに関連する炎症を増強する働きが認められているので、アレルギー体質の犬は注意が必要だといえます。

食材データ（10gあたり）
エネルギー：10.8kcal
主な栄養素：たんぱく質2.23g、脂質0.15g、炭水化物0g ※若鶏肉、皮なし、生の場合　旬：通年

鶏卵

**ほぼすべての栄養素が含まれる優秀食材
皮ふを健康にしたい犬におすすめします**

良質な動物性たんぱく質を多く含み、肝機能障害の改善や冷え性、虚弱体質、病後の体力低下時にも効果があるといわれています。必須アミノ酸がバランスよく含まれ、ビタミンA、D、B_1、B_2 などやカルシウム、鉄などのミネラル、そしてメチオニンも多く含有しています。ただ、ビタミンCと繊維質は含まれていないので、ビタミンCを豊富に含む野菜などと一緒に摂りましょう。特に卵白は加熱調理が必須。また、卵は調理法により消化時間が変わるので、胃に負担をかけたくない場合は、消化が早い半熟調理が最適です。そして卵黄には、「皮ふのビタミン」と称されるビオチン（ビタミンH）が含まれるので、皮ふや被毛を健康に保ちたい場合にぴったりな食材だといえます。

食材データ（10gあたり）
エネルギー：15.1kcal
主な栄養素：たんぱく質 1.23g、脂質 1.03g、炭水化物 0.03g　※全卵、生の場合
旬：通年

手羽

ゼラチン質や脂肪、皮ふの潤いを保つコラーゲンや疲労回復効果のあるビタミンA、軟骨のすり減りを回復させるグルコサミンが豊富。

食材データ（10gあたり）
エネルギー：21.1kcal　**主な栄養素**：たんぱく質 1.75g、脂質 1.46g、炭水化物 0g　※若鶏肉、皮つき、生の場合　**旬**：通年

もも

鉄分やカルシウムが豊富で、血液作りを助けます。また脂肪の代謝を促すビタミンB_6 も豊富。野菜と一緒に摂るとなおよいでしょう。

食材データ（10gあたり）
エネルギー：11.6kcal　**主な栄養素**：たんぱく質 1.88g、脂質 0.39g、炭水化物 0g　※若鶏肉、皮なし、生の場合　**旬**：通年

ささ身

たんぱく質量が多く低カロリーですが、リンが多いので常食や摂り過ぎに注意。

食材データ（10gあたり）
エネルギー：10.5kcal　**主な栄養素**：たんぱく質 2.3g、脂質 0.08g、炭水化物 0g　※若鶏肉、生の場合　**旬**：通年

ひき肉

たんぱく質量が多く消化もよいですが、傷みやすいので、すぐに使い切ること。

食材データ（10gあたり）
エネルギー：16.6kcal　**主な栄養素**：たんぱく質 2.09g、脂質 0.83g、炭水化物 0g　※生の場合　**旬**：通年

うずら卵

ビタミンB_2、鉄分、銅が豊富ですが摂り過ぎは禁物。卵白は必ず加熱しましょう。

食材データ（10gあたり）
エネルギー：17.9kcal　**主な栄養素**：たんぱく質 1.26g、脂質 1.31g、炭水化物 0.03g　※全卵、生の場合　**旬**：通年

牛・豚の副生物

牛や豚の内臓にあたる部位。スーパーなど身近な一般流通に安定供給されていないので、消費者が新鮮で安全なものを入手することは難しく、傷みが早いのも難点です。季節性があるのも特徴で、冬場は小腸や大腸などのモツ煮に使われる部位が出回り、夏場は焼き肉で使われる部分に多く出会うことができるでしょう。身近な部位に、たん（舌）、レバー（肝臓）、はつ（心臓）、ひも（小腸）、しまちょう（大腸）などがあります。

牛

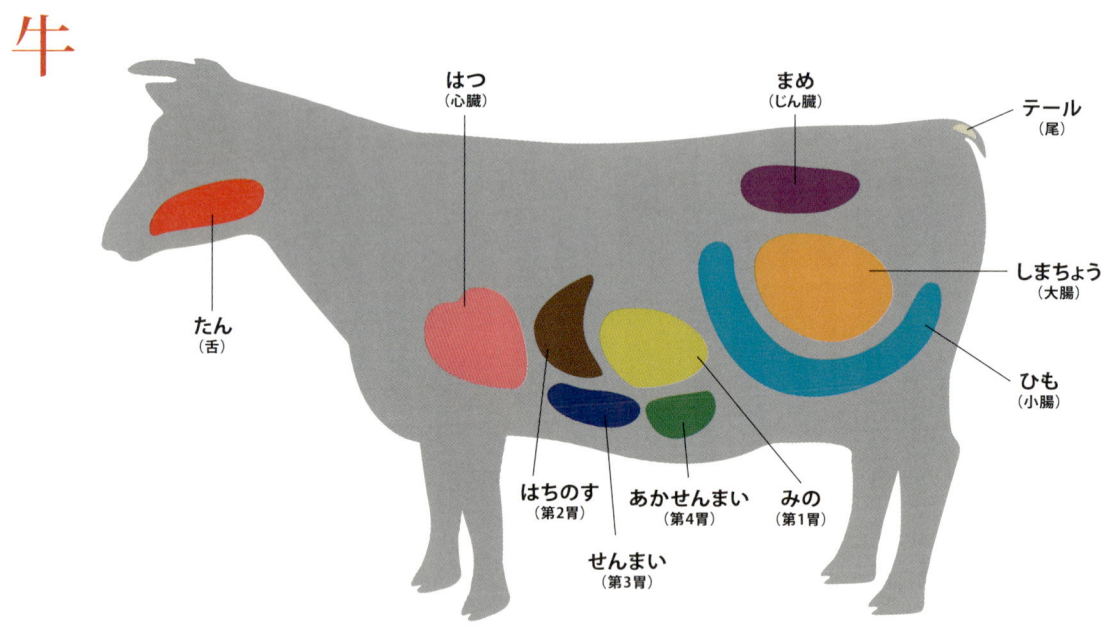

たん（舌）
食材データ（10g あたり）
エネルギー：26.9kcal　主な栄養素：たんぱく質 1.52g、脂質 2.17g、炭水化物 0.01g　※生の場合　旬：通年

はつ（心臓）
食材データ（10g あたり）
エネルギー：14.2kcal　主な栄養素：たんぱく質 1.65g、脂質 0.76g、炭水化物 0.01g　※生の場合　旬：通年

まめ（じん臓）
食材データ（10g あたり）
エネルギー：13.1kcal　主な栄養素：たんぱく質 1.67g、脂質 0.64g、炭水化物 0.02g　※生の場合　旬：通年

みの（第１胃）
食材データ（10g あたり）
エネルギー：18.2kcal　主な栄養素：たんぱく質 2.45g、脂質 0.84g、炭水化物 0g　※ゆでの場合　旬：通年

はちのす（第２胃）
食材データ（10g あたり）
エネルギー：20kcal　主な栄養素：たんぱく質 1.24g、脂質 1.57g、炭水化物 0g　※ゆでの場合　旬：通年

せんまい（第３胃）
食材データ（10g あたり）
エネルギー：6.2kcal　主な栄養素：たんぱく質 1.17g、脂質 0.13g、炭水化物 0g　※生の場合　旬：通年

あかせんまい（第４胃）
食材データ（10g あたり）
エネルギー：32.9kcal　主な栄養素：たんぱく質 1.11g、脂質 3g、炭水化物 0g　※ゆでの場合　旬：通年

ひも（小腸）
食材データ（10g あたり）
エネルギー：28.7kcal　主な栄養素：たんぱく質 0.99g、脂質 2.61g、炭水化物 0g　※生の場合　旬：通年

しまちょう（大腸）
食材データ（10g あたり）
エネルギー：16.2kcal　主な栄養素：たんぱく質 0.93g、脂質 1.3g、炭水化物 0g　※生の場合　旬：通年

テール（尾）
食材データ（10g あたり）
エネルギー：49.2kcal　主な栄養素：たんぱく質 1.16g、脂質 4.71g、炭水化物 Tr　※生の場合　旬：通年

豚

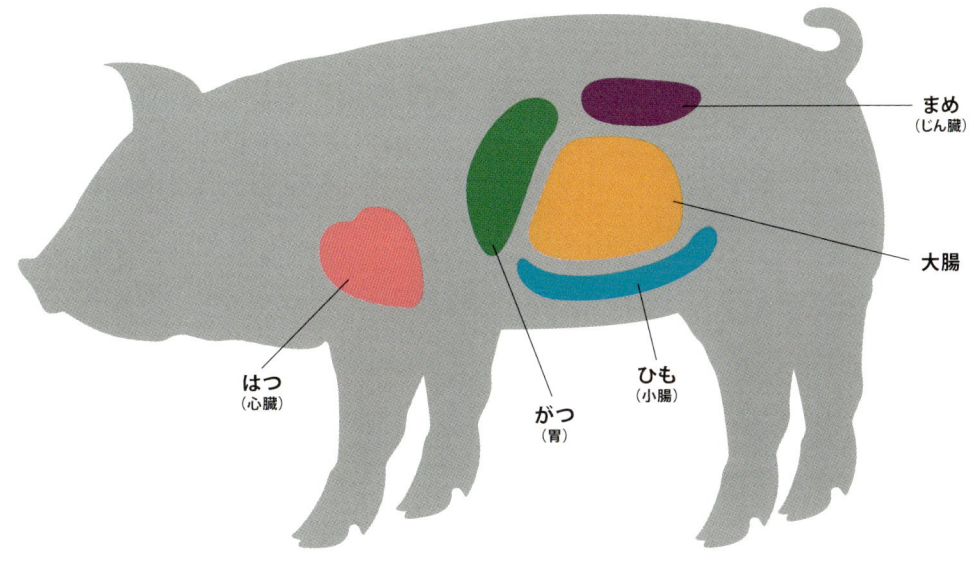

はつ（心臓）
食材データ（10gあたり）
エネルギー：13.5kcal　主な栄養素：たんぱく質1.62g、脂質0.7g、炭水化物0.01g　※生の場合　旬：通年

まめ（じん臓）
食材データ（10gあたり）
エネルギー：11.4kcal　主な栄養素：たんぱく質1.41g、脂質0.58g、炭水化物Tr　※生の場合　旬：通年

がつ（胃）
食材データ（10gあたり）
エネルギー：12.1kcal　主な栄養素：たんぱく質1.74g、脂質0.51g、炭水化物0g　※ゆでの場合　旬：通年

ひも（小腸）
食材データ（10gあたり）
エネルギー：17.1kcal　主な栄養素：たんぱく質1.4g、脂質1.19g、炭水化物0g　※ゆでの場合　旬：通年

大腸
食材データ（10gあたり）
エネルギー：17.9kcal　主な栄養素：たんぱく質1.17g、脂質1.38g、炭水化物0g　※ゆでの場合　旬：通年

副生物を与えるには4つの注意点があります

1. 新鮮なものであること。常温では腐敗速度が速く、保存がききません。新鮮で、衛生的なものでない限り、細菌性食中毒のリスクも高いといえます。
2. 与え過ぎないこと。高コレステロールのものが多く、摂取し過ぎると中性脂肪が増え、高脂血症になる可能性も。レバーなどもビタミンA、Dが高過ぎて、過剰症を招きかねないので、頻度も量も減らし、与え過ぎないようにしましょう。
3. たんぱく質を副生物で補わないこと。与え過ぎはよくない上に、栄養が偏ってしまいます。お肉を減らし、ごく少量を副生物にするなどの工夫が必要です。
4. 安全であること。副生物は内臓が主なので、その動物がどのように飼育されたかが、普段与えている肉よりも影響を受けている部位です。薬物の使用や病気などがなく、健康体であったかどうかがとても重要になってきます。

新奇たんぱく質

肉と魚　新奇たんぱく質

主に食物アレルギー疾患の犬に与えられるたんぱく質です。食べるものの成分（主にたんぱく質）は、本来は体にとって無害なものであるにもかかわらず、免疫がその成分に対する抗体を作り出し、結果として炎症反応を示すのがアレルギーの原理。ですから、今までに食べたことのない新しいたんぱく質を食材として使うことで、症状が出ないようにするのです。そのためのたんぱく質がこのジャンルにカテゴライズされます。

あいがも

悪玉コレステロールをしっかり退治して成長を促し、新しい細胞を育みます

あいがもの脂肪は体温で容易に溶けるので、体内で固まりません。また、悪玉コレステロール値を下げる必須脂肪酸のα-リノレン酸、リノール酸などが他の肉類に比べて多く、これらはアレルギーを持つ子によいといわれています。ビタミンB群や鉄も含んでおり、特にビタミンB_2が多いので、成長を促進し、皮ふや爪、細胞の働きを助けます。

食材データ（10gあたり）
エネルギー：33.3kcal　主な栄養素：たんぱく質1.42g、脂質2.9g、炭水化物0.01g
※肉、皮つき、生の場合
旬：秋〜冬

いのしし

豚の原種ながら豚よりも高い栄養価中性脂肪になりにくいおすすめ食材です

別名ぼたん肉。豚の原種であるいのししは、たんぱく質量は豚肉と同等ながら低カロリーで低脂肪と、非常にヘルシー。ビタミンB_2、B_{12}は、豚よりもいのししのほうが多く含んでいるほどです。いのししの脂肪は豚に比べて中性脂肪になりにくいのもポイント。貧血や血栓の予防、体を温める効果、抗酸化作用などが期待できる食材です。

食材データ（10gあたり）
エネルギー：26.8kcal　主な栄養素：たんぱく質1.88g、脂質1.98g、炭水化物0.05g
※肉、脂身つき、生の場合
旬：冬

うさぎ

高たんぱく、低カロリーな低アレルギー肉抗酸化にもひと役買います

日本ではあまりなじみのない肉ですが、フランス料理などでは非常にポピュラー。鶏肉に似た淡泊な味で、しっとりした肉質の低アレルギー肉です。高たんぱく、低カロリー、低脂肪、低コレステロールで、ビタミンB_{12}をはじめ栄養価が高め。また、カルノシンというペプチドは、抗酸化、老化防止などにも作用するといわれています。

食材データ（10gあたり）
エネルギー：14.6kcal　主な栄養素：たんぱく質2.05g、脂質0.63g、炭水化物Tr
※肉、赤肉、生の場合
旬：冬

うま

**シニアに積極的に摂らせたい
必須脂肪酸が含まれる貴重な食材です**

高たんぱく、低脂肪、低カロリー、低コレステロール、低アレルギーの肉です。必須脂肪酸のリノール酸、α－リノレン酸、オレイン酸などの不飽和脂肪酸がバランスよく含まれています。スタミナ増強、貧血改善、活性酸素の除去、ダイエット、肝機能を高めるなど、期待できる効果も多くあり、シニアの犬にもおすすめの食材です。

食材データ（10gあたり）
エネルギー：11kcal　主な栄養素：たんぱく質 2.01g、脂質 0.25g、炭水化物 0.03g
※肉、赤肉、生の場合
旬：通年

しか

**栄養バランスがよいヘルシーな肉
貧血、高血圧などの改善を期待できます**

高たんぱく、低脂肪、低カロリー、低コレステロール、低アレルギーの肉です。ビタミン B_{12} や鉄、銅が豊富で、アミノ酸やミネラルのバランスも絶妙。肉色は赤く、あっさりした味が特徴です。他にもビタミン B_1、B_2、ナイアシンを多く含み、肥満や貧血、高血圧、糖尿病の予防、滋養強壮や毛づやの改善などの効果が注目されています。

食材データ（10gあたり）
エネルギー：11kcal　主な栄養素：たんぱく質 2.23g、脂質 0.15g、炭水化物 0.05g
※肉、赤肉、生の場合
旬：秋

ひつじ（ラム）

**必須アミノ酸がそろった良質なたんぱく源
体を温め、丈夫な体を作ります**

子ひつじはラム、大人はマトンと呼ばれています。たんぱく質やビタミン B_2、鉄が豊富、かつ必須アミノ酸がそろっている良質なたんぱく源だといえます。また、虚弱体質の改善や、体を温める効果、造血作用、コレステロールの減少、体脂肪燃焼の促進、下痢の改善など、丈夫な体作りを助ける食材としても優秀なのです。

食材データ（10gあたり）
エネルギー：21.7kcal　主な栄養素：たんぱく質 1.9g、脂質 1.44g、炭水化物 0.02g
※めんよう、もも、脂身つき、生の場合　旬：通年

その他の新奇たんぱく質

**皮ふを健康的に保ちたい犬にはあひるやしちめんちょう
ダイエット中の犬にはカンガルーとだちょうが最適です**

皮ふトラブルの改善を促す新奇たんぱく質としては、あひるとしちめんちょうがあげられます。あひるは、皮ふの機能を保ち、皮ふトラブルを改善すると同時に、ガンの抑制や血管の強化などにも効果的だといわれています。また、しちめんちょうも皮ふを健やかに保ちつつ、爪や被毛のコンディションを整える食材として知られています。他にも、高たんぱく、低脂肪の代表格として、カンガルーとだちょうの肉があります。カンガルーは共役リノール酸が豊富で、動脈硬化や肥満の予防に役立ちます。また、だちょうは柔らかな赤身の肉で、「ベジタブルミート」と呼ばれるほど栄養価抜群。コレステロール値を下げ、ダイエット中や成長期の犬に最適な食材です。

肉と魚　肉と卵のレシピ

肉と卵のレシピ

牛・豚・鶏・卵といった手軽な食材を使って、1食の中に三大栄養素が入ったレシピをご紹介。「手作り犬ごはん」に大事なカロリーやたんぱく質、そして栄養バランスの目安になる黒、白、緑、黄、赤という5色の食材が加わるようにしました。犬が大好きな肉を、バラエティー豊かな調理法で与えてください。

※材料はSは5kg、Mは10kg、Lは15kgの成犬の1食分の分量を基本としています。

豆乳しゃぶしゃぶ

S 201kcal　M 334kcal　L 467kcal

たんぱく質と脂肪は牛もも肉と豆乳から、そして炭水化物ははるさめから摂取できるレシピです。味つけすれば、飼い主さんも一緒に楽しめるヘルシーさが自慢。1食分が、理想的なカロリーのメニューといえます

■材料（1食分）

	S	M	L
牛もも薄切り肉	40g	70g	100g
豆乳	100ml	150ml	200ml
はるさめ	45g	75g	100g
えのきたけ	20g	30g	40g
チンゲンサイ	25g	35g	45g
わかめ	25g	35g	45g
だいこん	10g	15g	20g
にんじん	10g	15g	20g
だし汁	50ml	70ml	100ml

■作り方（所要時間20分）

1. チンゲンサイはひと口大のそぎ切りにして、えのきたけとわかめもひと口大に切る。
2. はるさめをゆでる。だいこんとにんじんは、おろしておく。
3. 鍋に豆乳とだし汁を入れ、火にかけて豆乳だしを作る。
4. 3の豆乳だしで、牛もも薄切り肉と、1のチンゲンサイ、えのきたけ、わかめ、そして2のはるさめをしゃぶしゃぶにしてからお皿に盛り、残った豆乳だしをかけ、最後におろしただいこんとにんじんをまぜてお皿に盛れば、できあがり。

ハンバーグ

たんぱく質と脂肪は肉とオイル、炭水化物はごはんとさといもで。野菜で栄養バランスも取れます

■材料（1食分）

	S	M	L
牛ひき肉	30g	45g	60g
さといも	30g	45g	60g
ごはん	40g	60g	75g
にんじん	15g	20g	25g
だいこん	15g	20g	25g
しそ	3g	5g	7g
オリーブ油	1mℓ	1mℓ	1mℓ

■作り方（所要時間25分）

1. さといもは皮をむき、水でぬめりを落としながら洗ったら、たっぷりの水で柔らかくなるまでゆでて、温かいうちにつぶす。
2. にんじんをおろし、牛ひき肉、1のさといもとよくまぜ合わせる。だ円形に成型したら、火の通りをよくするために、中央をくぼませる。
3. フライパンにオリーブ油を薄く引き、2のハンバーグを入れて中火で2分、裏返して弱火で2分焼く。つまようじをさして、透明な汁が出てきたら、火が通った合図。赤い汁が出てくるようなら、まだ中が生の状態ということ。
4. 焼き上がったハンバーグの上に千切りのしそ、おろしただいこんを乗せたら、できあがり。別皿にごはんも添えて。

S 203kcaℓ　M 299kcaℓ　L 386kcaℓ

S 190kcaℓ　M 306kcaℓ　L 419kcaℓ

ミートソースパスタ

たんぱく質と脂肪、炭水化物など栄養素たっぷり。鶏ひき肉のおかげでカロリーは控えめです

■材料（1食分）

	S	M	L
鶏ひき肉	35g	65g	100g
スパゲッティ	50g	75g	90g
マッシュルーム	25g	35g	45g
切干しだいこん	5g	8g	11g
ミニトマト	1個	1個半	2個
うずら卵	1個	1個	1個
にんじん	15g	25g	30g
パセリ	3g	5g	7g
オリーブ油	1mℓ	1mℓ	1mℓ

■作り方（所要時間20分）

1. 切干しだいこんは水で戻して粗みじん切り、マッシュルームはひと口大にスライス。ミニトマトもひと口大に切り、にんじんはおろす。
2. スパゲッティは、食べやすいように1／4の長さになるように折ってから、ゆでる。別の鍋でうずら卵もゆでる。
3. 2をゆでている間に、フライパンにオリーブ油を引き、鶏ひき肉と1の切干しだいこん、マッシュルーム、ミニトマトを炒める。
4. スパゲッティがゆで上がったらお皿に盛り、炒めた3と、パセリのみじん切りをふりかけて、ゆで上がったうずら卵を半分に切って盛りつける。

肉と魚　肉と卵のレシピ

ポークボウル

焼くと嗜好性が上がるお肉を使った、スタミナたっぷりの朝ごはん向きレシピです

■材料（1食分）

	S	M	L
豚ロース肉	35g	55g	75g
ごはん	45g	75g	105g
パプリカ（赤）	10g	15g	20g
しいたけ	15g	20g	25g
もやし	20g	25g	30g
しそ	10g	15g	20g
だいこん	15g	20g	25g
オリーブ油	1mℓ	1mℓ	1mℓ

■作り方（所要時間20分）
1. パプリカとしいたけともやしを粗みじん切りにして、オリーブ油を引いたフライパンで炒める。
2. ごはんと、1で炒めたパプリカとしいたけ、もやしをボウルに入れてまぜ合わせる。
3. だいこんをおろし、しそは千切りにしておく。
4. 豚ロース肉をひと口大に切り、1のフライパンで炒める。
5. お皿に2のまぜごはんを盛り、4の豚ロース肉を乗せ、さらに3のだいこんおろし、しそを乗せたらできあがり。

S 221kcaℓ　M 348kcaℓ　L 480kcaℓ

S 207kcaℓ　M 335kcaℓ　L 465kcaℓ

とろみ肉巻き豆腐

動物性、植物性たんぱく質が一緒に摂れるメニュー。トリミング後など疲労回復させたい時に

■材料（1食分）

	S	M	L
豚もも薄切り肉	30g	50g	80g
ごはん	45g	75g	95g
木綿豆腐	50g	80g	110g
パプリカ（黄）	20g	30g	40g
まいたけ	20g	30g	40g
レタス	25g	35g	45g
はくさい	20g	30g	40g
にんじん	10g	20g	30g
くず粉	2.5g	2.5g	2.5g
オリーブ油	1mℓ	1mℓ	1mℓ

■作り方（所要時間25分）
1. 木綿豆腐は水切りし、レタスは千切りにして水にさらしておく。
2. 1の豆腐を食べやすい大きさの棒状に切り、豚もも薄切り肉で巻く。
3. フライパンに油を引いて、2の肉巻き豆腐を炒める。
4. 1のレタスをお皿に盛り、その上に3の肉巻き豆腐を乗せる。
5. はくさい、パプリカ、まいたけを粗みじん切りしたものを、3のフライパンで炒め、水溶きくず粉でとろみをつけ、肉巻き豆腐にかける。
6. ごはんとおろしたにんじんをボウルの中でまぜ合わせ、小さなカップで成型して、肉巻き豆腐の横に添えたらできあがり。

蒸し鶏のサラダ

きびが体を冷やしてくれる春〜夏向けのサラダ。
低カロリーなさっぱりメニューです

■材料（1食分）

	S	M	L
鶏むね肉	40g	75g	115g
ごはん	35g	60g	75g
きび	10g	15g	20g
キャベツ	30g	40g	50g
きゅうり	30g	40g	50g
にんじん	15g	25g	30g
亜麻仁油	1mℓ	1mℓ	1mℓ

■作り方（所要時間20分）

1. 鶏むね肉は蒸して、やけどに注意しながら、手で細くさいておく。
2. きびを茶こしなどを使ってやさしく洗い、鍋で炊く。
3. きびを炊いている間に、キャベツときゅうりを千切りにしておく。
4. 3のキャベツときゅうりをお皿に敷く。ごはんと2のきびをボウルの中でまぜて、お皿の真ん中に盛り、1の鶏むねとおろしたにんじんを盛りつけて、最後に亜麻仁油を回しかけたら、できあがり。

S 161kcaℓ　M 272kcaℓ　L 378kcaℓ

S 205kcaℓ　M 290kcaℓ　L 368kcaℓ

オムライス

卵がメインのごはんは脂肪が少し高くなるため、
もう1食は脂肪分の少ないレシピでバランスを

■材料（1食分）

	S	M	L
卵	55g（約1個）	82g（約1個半）	110g（約2個）
ごはん	40g	60g	75g
じゃがいも	40g	50g	60g
ブロッコリー	20g	25g	30g
ミニトマト	2個	2個半	3個
オリーブ油	1mℓ	1mℓ	1mℓ

■作り方（所要時間20分）

1. ブロッコリーは柔らかくなるまでゆでてから、粗みじん切りにする。
2. じゃがいもをすりおろしてボウルに入れ、そこに卵と1のブロッコリーも入れて、まぜ合わせる。
3. フライパンに油を引き、弱火にする。2の卵液を具材がかたよらないようにかき混ぜながら流し入れ、その上にごはんを乗せる。そして、形を作りながら中まで完全に火を通して、取り出す。
4. ミニトマトをさいの目切りにして、3のフライパンで軽く火を通す。
5. 3のオムライスをお皿に盛り、真ん中に4のミニトマトをソースごとかけたら、できあがり。

魚

肉と並んで、健康的な体作りに欠かせない動物性たんぱく質です。犬にはできるだけ白身魚を与えてください。白身魚は総じて消化がよいのが特徴です。青背魚にはEPAやDHAなど摂りたい栄養素がありますが、お腹を壊す犬もいるからです。そして、魚は死後に酵素分解によってチアミン（ビタミンB_1）を破壊するチアミナーゼが増加するので、加熱処理をする必要があります。生（刺身）で与えるのは避けましょう。

さけ（しろさけ）

**強い抗酸化力を持ち
眼疾患や皮ふトラブルを防ぎます**

白身魚に分類され、DHA、EPAを含む優秀な食材です。また、ビタミン（特にビタミンD）が豊富で、タウリンやカルシウムも含まれます。その他、ビタミンA、B群、E、亜鉛も多く、血行促進や抗炎症効果、肌の保護、コレステロールの代謝促進、肝臓の強化、抗酸化作用といった効果がうたわれています。ただし、塩鮭や甘鮭は避けましょう。

食材データ（10gあたり）
エネルギー：13.3kcal
主な栄養素：たんぱく質2.23g、脂質0.41g、炭水化物0.01g ※生、切り身の場合　旬：夏

あんこう

脂肪が少なく低カロリーで淡泊な白身魚です。体を温め、皮ふや骨、目の老化を予防します。肝は高脂肪で高カロリーなので量に注意。

食材データ（10gあたり）
エネルギー：5.8kcal
主な栄養素：たんぱく質1.3g、脂質0.02g、炭水化物0.03g
※生、切り身の場合　旬：冬

いさき

たいと並ぶ高級魚で、カリウムとたんぱく質、ビタミンA、D、EやDHAが豊富。毛細血管の老化を防ぎ、発育成長を促す効果があります。

食材データ（10gあたり）
エネルギー：12.7kcal
主な栄養素：たんぱく質1.72g、脂質0.57g、炭水化物0.01g
※生の場合　旬：夏

かます（あかかます）

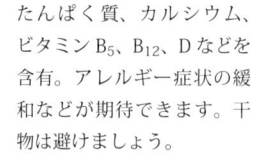

たんぱく質、カルシウム、ビタミンB_5、B_{12}、Dなどを含有。アレルギー症状の緩和などが期待できます。干物は避けましょう。

食材データ（10gあたり）
エネルギー：14.8kcal
主な栄養素：たんぱく質1.89g、脂質0.72g、炭水化物0.01g
※生の場合　旬：夏～秋

かれい（まがれい）

良質なたんぱく質を含む低カロリーの白身魚。消化がよく、胃腸の弱い犬にもおすすめです。疲労回復、夏バテ防止などにも効果的。

食材データ（10gあたり）
エネルギー：9.5kcal
主な栄養素：たんぱく質1.96g、脂質0.13g、炭水化物0.01g
※生の場合　旬：夏

きす（しろぎす）

良質なたんぱく質を含む低脂肪、低カロリーの白身魚。栄養素が豊富で DHA、EPA も含み、中性脂肪を分解しダイエットに役立ちます。

食材データ（10gあたり）
エネルギー：8.5kcal
主な栄養素：たんぱく質 1.92g、脂質 0.04g、炭水化物 0.01g
※生の場合　　旬：春～夏

ぐち（しろぐち、いしもち）

高たんぱく、低脂肪、低カロリーでビタミン B_2、B_{12}、D、ナイアシンなどを含み、アレルギーや皮ふ炎の改善をサポートします。

食材データ（10gあたり）
エネルギー：8.3kcal
主な栄養素：たんぱく質 1.8g、脂質 0.08g、炭水化物 Tr
※生の場合　　旬：夏

しらうお

たんぱく質や脂肪は他の魚に比べ少なめですが、頭から丸ごと食べられてミネラル源になります。骨の強化や抗ストレスに。

食材データ（10gあたり）
エネルギー：7.7kcal
主な栄養素：たんぱく質 1.36g、脂質 0.2g、炭水化物 0.01g
※生の場合　　旬：春

すずき

白身魚ですが、身に脂が含まれます。疲労回復、利尿作用の他、傷の治りを早め、病気への抵抗力を高めるといわれています。

食材データ（10gあたり）
エネルギー：12.3kcal
主な栄養素：たんぱく質 1.98g、脂質 0.42g、炭水化物 Tr
※生、切り身の場合　旬：夏

たい（まだい）

高たんぱく、低脂肪でアミノ酸バランスがよく、消化吸収も優秀。ただミネラルが少ないので、ミネラル源と一緒に与えましょう。

食材データ（10gあたり）
エネルギー：19.4kcal
主な栄養素：たんぱく質 2.17g、脂質 1.08g、炭水化物 0.01g
※養殖、生の場合　旬：冬～春

たら（まだら）

脂肪が非常に少なく、高たんぱく、低カロリー。消化吸収がよく、体を温めます。健脳効果も期待でき、病中病後に与えたい食材です。

食材データ（10gあたり）
エネルギー：7.7kcal
主な栄養素：たんぱく質 1.76g、脂質 0.02g、炭水化物 0.01g
※生、切り身の場合　旬：冬

ます（さくらます）

さけの仲間で、ビタミン B_1、B_2、DHA、EPA、アスタキサンチンなどが豊富です。アレルギー症状の緩和や血流の改善に最適。

食材データ（10gあたり）
エネルギー：16.1kcal
主な栄養素：たんぱく質 2.09g、脂質 0.77g、炭水化物 0.01g
※生、切り身の場合　旬：春

むつ

高たんぱく、低カロリー。加熱しても固くならず、ビタミンAやDHA、EPAなどを含み被毛や皮ふ、粘膜を正常に保ちます。

食材データ（10gあたり）
エネルギー：18.9kcal
主な栄養素：たんぱく質 1.67g、脂質 1.26g、炭水化物 Tr
※生、切り身の場合　旬：冬

魚のレシピ

肉と魚　魚のレシピ

かんたんに作れる毎日の魚のごはん。すべて1食の中に三大栄養素を含み、5色の食材が入るような栄養バランスを考えました。特に白身魚は消化がよく、高たんぱくで低カロリー。シニアやアレルギーの犬、病中病後の犬、そして術後の回復時にも与えてあげたいたんぱく源です。

※材料はSは5kg、Mは10kg、Lは15kgの成犬の1食分の分量を基本としています。

さけのミルフィーユ

S 155kcal　M 278kcal　L 420kcal

さけはDHA、EPAはじめ、アスタキサンチンなど、たくさんの栄養素を含む優秀食材。華やかなお料理なので、日常の食事としてはもちろん、パーティーやお祝いのごはんなどにも活躍します

■材料（1食分）

	S	M	L
さけ	40g	75g	115g
ごはん	40g	75g	115g
チンゲンサイ	25g	35g	45g
にんじん	20g	30g	40g
キャベツ	25g	35g	45g
オリーブ油	1ml	1ml	1ml

■作り方（所要時間35分）

1. チンゲンサイとにんじんを粗みじん切りにして、オリーブ油を引いたフライパンで炒める。
2. キャベツを千切りにする。
3. ごはんと1のチンゲンサイとにんじん、2のキャベツを一緒にまぜる。
4. さけをゆでて、骨を取り、身はほぐす。
5. 型に4のさけを平らに敷き詰め、その上に3のまぜごはんを敷く。そしてまたさけ、まぜごはんの順に敷き詰めて、4層に重ねる。
6. 5を型から取り出して、お皿に盛れば、できあがり。

かれいのカレーもどき

かれいは高たんぱくで低脂肪、消化がよく栄養豊富。コラーゲンも摂れる体にうれしいレシピです

■材料（1食分）

	S	M	L
かれい	40g	70g	100g
ごはん	45g	75g	95g
ひよこまめ	20g	30g	40g
かぼちゃ	25g	30g	35g
アスパラガス	20g	25g	30g
しめじ	20g	25g	30g
ミニトマト	1個	1個半	2個
くず粉	2.5g	4g	5g
オリーブ油	1ml	1ml	1ml

■作り方（所要時間25分）

1. ひよこまめはひと晩水に浸して吸水させ、柔らかくなるまでゆでる。
2. かれいはゆでて骨を取り、やけどに注意しながら、身をほぐす。ゆで汁は捨てずに取っておく。
3. かぼちゃはゆでて、マッシュする。アスパラガスとしめじとミニトマトをひと口大に切り、フライパンにオリーブ油を引いて炒める。
4. 3のフライパンの中に1のひよこまめと、3のかぼちゃ、2のゆで汁を加え、さらに2のかれいも入れて、水溶きくず粉でとろみをつける。
5. お皿にごはんを盛り、4のかれいなどの具材が入ったとろみスープをかければ、できあがり。

S 164kcal　M 266kcal　L 357kcal

S 220kcal　M 348kcal　L 457kcal

蒸したらの白いタジン

魚と豆乳からたんぱく質、豆乳から脂肪が摂れます。タジン鍋があれば「蒸す」レシピもかんたんです

■材料（1食分）

	S	M	L
たら	40g	75g	110g
ごはん	45g	75g	95g
かぶ	35g	45g	55g
かぶの葉	15g	25g	35g
豆乳	60ml	75ml	100ml
こんぶ	5cm	7cm	9cm
パセリ	3g	5g	7g
だし汁	60ml	75ml	100ml

■作り方（所要時間20分）

1. タジン鍋に少なめに水を入れ、そこにこんぶを入れて、その上にごはんを乗せる。
2. かぶの葉は粗みじん切りにする。
3. かぶをひと口大のくし切りに切り、1のごはんの上に乗せる。
4. 3の上にたらを乗せ、2のかぶの葉も散らし、豆乳とだし汁を回しかける。
5. タジン鍋にフタをして、湯気が出るまでは強火、湯気が出たら弱火で蒸す。
6. タジン鍋の中に汁気がなくなり、たらに火が通ったら、お皿に盛りつけ、パセリを添えて、できあがり。与える時にたらの骨を取り除く。

きちんと計量しよう

ドッグフードの場合、カップで1回分の量をきちんと計量して与えます。では、毎日違う食材を使う手作りごはんの時はどうすればいいのでしょうか？ 愛犬の健康管理をするためには、目分量ではなく、手作りごはんもきちんと計量して与えることが大切です。

摂取カロリーを知るためには、食材を計量すること

手作りごはんの場合はついつい見た目の量で判断してしまいがちです。けれど、最初のうちは、1食あたりの摂取カロリーを知るために、使う食材をそれぞれ計量してから調理することをおすすめします。そして、体重の増減などをチェックしながら、カロリー調整をしていきましょう。日々、計量しながら作っているうちに、大体の目安がわかってきますので、そうなったらもう安心です。ただし、妊娠・出産をしたり、シニアになったり、ライフステージが変わって、摂取カロリーに変動が起きた時には、また計量するようにしましょう。

計量しないで与えているとどうなるの？

毎日の食事でどれくらいのカロリーを摂取しているかがわからないと、体重が増減した場合に改善する方法がわかりません。毎回計量するのは大変かもしれませんが、もし少し太ってしまった時にも、食事の調整がしやすくなり、愛犬の肥満を防ぐことにつながります。また、カロリー不足になることも避けられるでしょう。

便利なグッズを賢く使いましょう

食材を計量するために使用する道具は、計量カップ、計量スプーン、はかりなどがあります。最近では、コンパクトなデジタル式のはかりが充実していますし、デジタル計量スプーンもあって、細かい単位までスピーディに計量することができます。そういった便利グッズを活用するのもいいでしょう。また、卵1個が〇〇g、魚の切り身1枚が〇〇gなど、よく使う食材は重量とカロリーをメモしておけば、計量する手間が省けて便利です。

野菜と果物の食材帖

Vegetables and Fruits

葉菜類

葉菜類にはビタミンCをはじめとした、ビタミン類が豊富に含まれています。最も栄養価が高いのはほうれんそうですが、シュウ酸カルシウムの含有量が多いので、もし与えるとしても、ごく少量にとどめておきましょう。アスパラガス、クレソン、こまつな、しゅんぎく、ブロッコリー、チンゲンサイ、なばな、みずな、ロケットサラダなどの緑黄色野菜に含まれるβ-カロテンには抗酸化作用があり、体調管理のために有効な食材です。

キャベツ

薬草や健康食としての歴史が証明する栄養価の高い淡色野菜です

栄養価が高く、ビタミンCやビタミンUが豊富な淡色野菜で、特にビタミンCは芯の近くや外側の葉に多く含まれます。昔は薬草として、また古代ローマでは胃腸を整える健康食として用いた記録があるほど、優秀な食材です。ただ、キャベツを含むアブラナ科の食材の摂取に関して、甲状腺疾患を持つ犬の場合は、獣医師に相談が必要です。

食材データ（10gあたり）
エネルギー：2.3kcal　主な栄養素：カルシウム4.3mg、ビタミンC 4.1mg　※結球葉、生の場合　旬：春キャベツ3〜5月、夏キャベツ7〜8月、冬キャベツ1〜3月

アスパラガス

たんぱく質の合成、利尿作用、疲労回復、滋養強壮に有効なアスパラギン酸を多く含有。すぐ鮮度が落ちるので早めに調理しましょう。

食材データ（10gあたり）
エネルギー：2.2kcal　主な栄養素：カルシウム1.9mg、ビタミンA（β-カロテン）37μg、ビタミンC 1.5mg　※若茎、生の場合　旬：5〜6月

カリフラワー

加熱によるビタミンC損失が少なく、さまざまな調理法に対応。血液をサラサラにして、中性脂肪や血糖値の正常化も期待できます。

食材データ（10gあたり）
エネルギー：2.7kcal　主な栄養素：カリウム41mg、ビタミンB_2 0.011mg、ビタミンC 8.1mg　※花序、生の場合　旬：11〜3月

クレソン

β-カロテンの含有量は緑黄色野菜でトップクラス。ヨーロッパでは薬効が認められ、殺菌や解毒にも効果があるといわれています。

食材データ（10gあたり）
エネルギー：1.5kcal　主な栄養素：カルシウム11mg、ビタミンA（β-カロテン）270μg、ビタミンC 2.6mg　※茎葉、生の場合　旬：4〜5月

こまつな

アクが少なく、下ゆでせずに調理できます。カルシウム含有量が緑黄色野菜でトップクラス。食物繊維豊富で便秘の犬にもおすすめ。

食材データ（10gあたり）
エネルギー：1.4kcal　主な栄養素：カルシウム17mg、ビタミンA（β-カロテン）310μg、ビタミンC 3.9mg　※葉、生の場合　旬：12〜2月

しゅんぎく

特有の香りは自律神経に作用し、胃腸の働きを高め、食欲増進や消化の促進も期待できますが、この香りが苦手という犬もいます。

食材データ（10gあたり）
エネルギー：2.2kcal　主な栄養素：カルシウム12mg、ビタミンA（β-カロテン）450μg、ビタミンC1.9mg
※葉、生の場合　旬：11〜3月

チンゲンサイ

体を冷やす作用があるといわれている上、ゆでるとビタミンAが増えるので、加熱調理が基本です。老化防止や便秘の緩和におすすめ。

食材データ（10gあたり）
エネルギー：0.9kcal　主な栄養素：ビタミンA（β-カロテン）200μg、ビタミンE0.07mg、ビタミンC2.4mg
※葉、生の場合　旬：9〜1月

なばな（和種なばな）

豊富な栄養素が体に抵抗力をつけてくれます。理想的な抗酸化作用があるビタミンA、C、Eが1度に摂れる食材です。

食材データ（10gあたり）
エネルギー：3.3kcal　主な栄養素：カルシウム16mg、ビタミンA（β-カロテン）220μg、ビタミンC13mg　※花らい・茎、生の場合　旬：12〜3月

はくさい

外側の葉ほど栄養価が高いのが特徴。体を温める効果があることも有名です。低カロリーながら、養生三宝と呼ばれる貴重な食材です。

食材データ（10gあたり）
エネルギー：1.4kcal　主な栄養素：カリウム22mg、カルシウム4.3mg、ビタミンC1.9mg
※結球葉、生の場合　旬：11〜2月

ブロッコリー

ビタミン、ミネラルをバランスよく含む、緑黄色野菜の優等生。生活習慣病や風邪の予防など、丈夫な体を維持したい犬に最適です。

食材データ（10gあたり）
エネルギー：3.3kcal　主な栄養素：カリウム36mg、ビタミンA（β-カロテン）80μg、ビタミンC12mg
※花序、生の場合　旬：11〜3月

レタス

含有のラクチュコピクリンには軽い鎮静作用がありますが、体を冷やす効果もあるので、冬場に生で多量に与えるのは避けましょう。

食材データ（10gあたり）
エネルギー：1.2kcal　主な栄養素：カリウム20mg、カルシウム1.9mg、ビタミンC0.5mg
※結球葉、生の場合　旬：4〜9月

セロリー

古くは薬用とされていた食材です。整腸作用、コレステロール抑制を目指す犬に。

食材データ（10gあたり）
エネルギー：1.5kcal　主な栄養素：カリウム41mg、ビタミンA（β-カロテン）4.4μg、ビタミンC0.7mg　※葉柄、生の場合　旬：11〜5月

みずな（きょうな）

ビタミンCの他にミネラル類、食物繊維も豊富。皮ふの新陳代謝を高めます。

食材データ（10gあたり）
エネルギー：2.3kcal　主な栄養素：カルシウム21mg、ビタミンA（β-カロテン）130μg、ビタミンC5.5mg　※葉、生の場合　旬：11〜2月

ロケットサラダ

ビタミンC、Eが豊富で、高栄養価。ヨーロッパでは薬用としても利用されます。

食材データ（10gあたり）
エネルギー：1.9kcal　主な栄養素：ビタミンA（β-カロテン）360μg、ビタミンE0.14mg、ビタミンC6.6mg
※葉、生の場合　旬：4〜7月、10〜12月

根菜類

根を食用とする野菜で、旬は秋から冬。抗酸化作用のあるビタミンCや、体の水分や心臓などの機能を調整するカリウム、食物繊維などが豊富です。葉も栄養価が高く、根と一緒に摂取することで全身に栄養分が作用するといわれています。ただ、葉がついたままだと、根の栄養分が葉に送られて栄養価が落ちてしまうため、根と葉は切り離して保存しましょう。また、いも類は冷蔵庫で保存すると、でんぷんの消化が悪くなるので注意。

だいこん

消化吸収を助け、胃腸をサポートするだいこんおろしを与えましょう

だいこんにはアミラーゼという消化酵素が豊富に含まれていて、消化がよく、胃もたれや食欲不振の解消に効果的で、消化吸収も助ける優れた食材だといえます。しかし、アミラーゼは熱に弱く、酸化しやすいため、だいこんおろしなど生のままの調理法で食べることが望ましいでしょう。だいこんおろしの辛み成分イソチオシアネートは、強力な抗酸化物質の反面、おろしたてだと刺激が強いので、20分ほど置いて刺激を緩和してから与えるのが最適です。

また、切干しだいこんは干してかさが減る分、100gあたりの養分が凝縮され、生より少量で多くの栄養分が摂取できます。デトックス効果もありますが、ミネラル含有量が高く、与え過ぎには十分注意しましょう。

食材データ（10gあたり）
エネルギー：1.8kcal
主な栄養素：カリウム23mg、カルシウム2.4mg、ビタミンC 1.2mg　※根、皮つき、生の場合　旬：11〜3月、7〜8月

かぶ

根にはビタミンCや食物繊維が豊富で、かつ消化酵素のアミラーゼも含まれるので、消化吸収を促進し、胃腸の働きを助けます。

食材データ（10gあたり）
エネルギー：2kcal　主な栄養素：カリウム28mg、カルシウム2.4mg、ビタミンC 1.9mg　※根、皮つき、生の場合　旬：3〜5月、10〜12月

ごぼう

水溶性と不溶性の食物繊維が豊富で、便秘解消やガン予防が期待できます。また含有のイヌリンで腸内の細菌環境を整える効果も。

食材データ（10gあたり）
エネルギー：6.5kcal　主な栄養素：カルシウム4.6mg、マグネシウム5.4mg、食物繊維0.57g　※根、生の場合　旬：11〜1月、4〜5月

さつまいも

いも類の中で食物繊維が最も豊富。6割が水分で、与え過ぎない限りは肥満の心配もありません。新聞紙でくるんで常温で保存します。

食材データ（10gあたり）
エネルギー：13.2kcal　**主な栄養素**：炭水化物 3.15g、ビタミンC 2.9mg、食物繊維 0.23g　※塊根、生の場合　旬：9〜11月

さといも

消化吸収がよく、血糖やコレステロールを下げる効果があります。泥つきのまま湿らせた新聞紙に包み、冷暗所で保存してください。

食材データ（10gあたり）
エネルギー：5.8kcal　**主な栄養素**：炭水化物 1.31g、カリウム 64mg、ビタミンB_1 0.007mg　※球茎、生の場合　旬：9〜11月

じゃがいも

ごはんの3倍ものビタミンB_1が含まれ、カロリーはごはんの半分。血糖値が上がりやすいので、レタスなどと一緒に摂りましょう。

食材データ（10gあたり）
エネルギー：7.6kcal　**主な栄養素**：炭水化物 1.76g、カリウム 41mg、ビタミンC 3.5mg　※塊茎、生の場合　旬：5〜7月

しょうが

栄養価は低めですが、辛み成分のショウガオールは体を中心部から温めます。刺激物なので少量をたまに与える程度にしましょう。

食材データ（10gあたり）
エネルギー：3kcal　**主な栄養素**：カリウム 27mg、カルシウム 1.2mg、マグネシウム 2.7mg　※根茎、生の場合　旬：6〜8月

にんじん

緑黄色野菜の中でもカロテン含有量はトップクラス。抗酸化作用や免疫力の向上などが期待されます。皮の近くは特に栄養素が豊富です。

食材データ（10gあたり）
エネルギー：3.7kcal　**主な栄養素**：ビタミンA（α-カロテン）280μg、ビタミンA（β-カロテン）770μg、ビタミンC 0.4mg　※根、皮つき、生の場合　旬：4〜7月、11〜12月

はつかだいこん

アントシアニンが活性酸素を抑制し、体の酸化に対抗するといわれます。他にも老化や動脈硬化の予防、消化の促進に役立ちます。

食材データ（10gあたり）
エネルギー：1.5kcal　**主な栄養素**：カリウム 22mg、カルシウム 2.1mg、ビタミンC 1.2mg　※根、生の場合　旬：10〜3月

やまのいも（ながいも）

主成分は良質なでんぷん。アミラーゼを豊富に含み、消化によい食材。漢方では山薬と呼び、肺や腎臓の働きを補うといわれています。

食材データ（10gあたり）
エネルギー：6.5kcal　**主な栄養素**：炭水化物 1.39g、カリウム 43mg、ビタミンB_1 0.01mg　※塊根、生の場合　旬：10〜3月

れんこん

体を温めたり疲労回復、整肌作用などがあります。消炎や咳止め効果のあるタンニンも含有。漂白されていないものを選びましょう。

食材データ（10gあたり）
エネルギー：6.6kcal　**主な栄養素**：炭水化物 1.55g、カリウム 44mg、ビタミンC 4.8mg　※根茎、生の場合　旬：11〜3月

野菜と果物　果菜類

果菜類

果実や種実を食用とする野菜はカラフルで、低カロリーなのが特徴です。色は栄養を考える上でも役立ち、食事の基本的な考え方に従って赤、白、緑、黒、黄色の5色を意識するとバランスのよいメニューになりやすいので、果菜類は非常に優秀な食材だといえます。トマトなどの赤は元気を、パプリカなどの黄色は消化を助け、種類の多い緑は体調を整えるなど、効果をかんたんに覚えておくと、メニュー作りに役立つでしょう。

えだまめ

緑黄色野菜とだいず、両方の栄養素を持つ食材。さやのままゆでるので熱に弱いビタミンCも残ります。夏バテ防止にうってつけです。

食材データ（10gあたり）
エネルギー：13.5kcal　主な栄養素：たんぱく質1.17g、カルシウム5.8mg、ビタミンC2.7mg
※生の場合　旬：7〜9月

オクラ

カロテン、ビタミンC、葉酸、マグネシウム、鉄分などをバランスよく含む野菜。夏バテ防止、胃の炎症の予防などに効果を発揮します。

食材データ（10gあたり）
エネルギー：3kcal
主な栄養素：ビタミンA（β-カロテン）67μg、葉酸11μg、ビタミンC1.1mg
※果実、生の場合　旬：7〜9月

かぼちゃ（西洋かぼちゃ）

ガン予防に有効といわれているβ-カロテンの他、抗酸化や血行を促進し、皮ふを健やかに保つビタミンEの含有量も豊富です。

食材データ（10gあたり）
エネルギー：9.1kcal　主な栄養素：ビタミンA（β-カロテン）390μg、ビタミンE0.49mg、ビタミンC4.3mg　※くりかぼちゃ、果実、生の場合　旬：5〜9月

きゅうり

栄養素よりも利尿作用や熱を取り除く作用に注目。ビタミンCを破壊する酵素が含まれるので、クエン酸と一緒に摂りましょう。

食材データ（10gあたり）
エネルギー：1.4kcal　主な栄養素：カリウム20mg、ビタミンA（β-カロテン）33μg、ビタミンC1.4mg
※果実、生の場合　旬：5〜8月

さやいんげん（いんげんまめ）

粘膜や皮ふの抵抗力を高め、生活習慣病予防などに効果があるといわれています。疲労回復を促すアスパラギン酸も含有しています。

食材データ（10gあたり）
エネルギー：2.3kcal　主な栄養素：カルシウム4.8mg、ビタミンA（β-カロテン）52μg、ビタミンB₂0.011mg
※若ざや、生の場合　旬：6〜9月

さやえんどう（きぬさやえんどう）

β-カロテン、ビタミンC、鉄、カルシウム、食物繊維が豊富。老化やガンを抑制し、免疫力を高め、整腸作用もあるといわれています。

食材データ（10gあたり）
エネルギー：3.6kcal　主な栄養素：カルシウム3.5mg、ビタミンA（β-カロテン）56μg、ビタミンC6mg
※若ざや、生の場合　旬：4〜5月

ズッキーニ

β-カロテン、カリウム、マグネシウム、マンガン、ビタミンKを含有し、免疫強化、粘膜の保護、血行促進などの効果があります。

食材データ（10gあたり）
エネルギー：1.4kcal　主な栄養素：カリウム32mg、マグネシウム2.5mg、ビタミンA（β-カロテン）31μg
※果実、生の場合　旬：6〜8月

そらまめ

たんぱく質、炭水化物、ビタミンB_1、B_2、Cの他、カリウム、鉄などのミネラル類が豊富で、皮ふトラブル回避や疲労回復に効果的。

食材データ（10gあたり）
エネルギー：10.8kcal　主な栄養素：たんぱく質1.09g、炭水化物1.55g、鉄0.23mg　※未熟豆、生の場合　旬：4〜6月

とうがん

低カロリーで、利尿作用のあるカリウムを含有。また、体温を下げるなどの効果もあります。冬瓜と書きますが、夏の野菜です。

食材データ（10gあたり）
エネルギー：1.6kcal　主な栄養素：カリウム20mg、カルシウム1.9mg、ビタミンC3.9mg　※果実、生の場合　旬：7〜9月

とうもろこし（スイートコーン）

糖質、たんぱく質が主成分。新陳代謝を活発にします。消化が苦手な犬も多いので、ペースト状にして与えるのが理想的です。

食材データ（10gあたり）
エネルギー：9.2kcal　主な栄養素：たんぱく質0.36g、炭水化物1.68g、カリウム29mg　※未熟種子、生の場合　旬：6〜9月

トマト

カロテンの一種であるリコピンは抗酸化作用が大きく、生活習慣病に役立ちます。犬に与える時は完熟したものを加熱調理しましょう。

食材データ（10gあたり）
エネルギー：1.9kcal　主な栄養素：カリウム21mg、ビタミンA（β-カロテン）54μg、ビタミンC1.5mg　※果実、生の場合　旬：6〜9月

なす

のぼせや高血圧の改善などに役立ち、ナスニンという紫の色素は活性酸素を除去します。なす科の植物は加熱調理で与えましょう。

食材データ（10gあたり）
エネルギー：2.2kcal　主な栄養素：カリウム22mg、ビタミン$B_1$0.005mg、ビタミンC0.4mg　※果実、生の場合　旬：6〜9月

にがうり

ビタミンC、K、葉酸を多く含み、夏バテ防止、血糖値の抑制などを促します。

食材データ（10gあたり）
エネルギー：1.7kcal　主な栄養素：ビタミンK4.1μg、葉酸7.2μg、ビタミンC7.6mg　※果実、生の場合　旬：6〜9月

ピーマン

カロテン、葉緑素が豊富で疲労回復、毛細血管や粘膜の強化などに効果的です。

食材データ（10gあたり）
エネルギー：2.2kcal　主な栄養素：カリウム19mg、ビタミンA（β-カロテン）40μg、ビタミンC7.6mg　※果実、生の場合　旬：6〜9月

パプリカ

ピーマンより栄養価が高め。疲労回復や中性脂肪の分解におすすめな食材です。

食材データ（10gあたり）
エネルギー：赤3kcal、黄2.7kcal　主な栄養素：ビタミンA（β-カロテン）赤94μg、黄16μg、ビタミンC赤17mg、黄15mg　※果実、生の場合　旬：7〜10月

きのこ類・豆類

きのこ類は低カロリーで食物繊維が豊富。ビタミンやミネラルも多く含みます。免疫力を高める効果に着目し、最近は抗ガン剤の原料として活用することもあるようです。豆類はたんぱく質、炭水化物、脂質という三大栄養素を含む高栄養食材。脳神経の働きを助けて不安感を取り除くナイアシンや、精神を安定させるビタミン B_1、ストレスや疲労感を緩和するビタミンCも豊富なので、ストレスを抱える犬にもおすすめです。

しいたけ

年間通して入手できる代表的なきのこ
ミネラルや食物繊維が豊富です

ミネラルや食物繊維が豊富な食材です。市場に出回る多くは菌床栽培で作られています。抗腫瘍作用があるといわれるレンチナンという物質を含み、体に抵抗力をつける効果があります。また、カルシウムの吸収を助け、肥満を防止するなどの研究結果が出ているビタミンDに似た働きをする、エルゴステリンという物質を含んでいるのも特徴です。

食材データ（10gあたり）
エネルギー：1.8kcal　主な栄養素：カリウム28mg、ビタミンD 0.21μg、食物繊維0.35g　※生の場合　旬：3～5月、9～11月

えのきたけ

ビタミン B_1、B_2、食物繊維、ナイアシンが豊富です。皮ふを健やかに保つ他、抗腫瘍作用、心臓機能の正常化などが期待できます。

食材データ（10gあたり）
エネルギー：2.2kcal　主な栄養素：ビタミン B_1 0.024mg、ビタミン B_2 0.017mg、食物繊維0.39g　※生の場合　旬：天然11～3月

エリンギ

悪性貧血を予防する葉酸や、肌荒れに有効なパントテン酸などが豊富です。脂肪の摂り過ぎによる体重増加の抑制にも効果があります。

食材データ（10gあたり）
エネルギー：2.4kcal　主な栄養素：カリウム46mg、葉酸8μg、食物繊維0.43g　※生の場合　旬：9～2月

きくらげ

中国で不老長寿の薬効があるとされた食材。カルシウム含有食品との組み合わせで骨の老化を防ぎ、大腸を正常に保つ効果もあります。

食材データ（10gあたり）
エネルギー：16.7kcal　主な栄養素：カルシウム31mg、ビタミンD 43.5μg、食物繊維5.74g　※乾の場合　旬：天然4～8月

なめこ

たんぱく質の分解を助け、胃や肝臓の粘膜を保護するぬめり成分のムチンを含有。消化がよくないので、細かくきざみ、加熱調理します。

食材データ（10gあたり）
エネルギー：1.5kcal　主な栄養素：カルシウム0.4mg、マグネシウム1mg、鉄0.07mg　※生の場合　旬：天然9～11月

ぶなしめじ

アミノ酸をバランスよく含有しています。整腸作用、肥満予防、老化防止の他にも、抗ガン作用や動脈硬化予防効果にも注目です。

食材データ（10gあたり）
エネルギー：1.8kcal　主な栄養素：たんぱく質 0.27g、ビタミンB_2 0.016mg、ナイアシン 0.66mg
※生の場合　旬：9〜11月

まいたけ

たんぱく質やビタミンB_1、B_2、D、ナイアシン、亜鉛を含有。皮ふに栄養を与え、脂肪代謝の活性化による肥満防止に効果的です。

食材データ（10gあたり）
エネルギー：1.6kcal　主な栄養素：ビタミンD 0.34μg、葉酸 6μg、食物繊維 0.27g　※生の場合　旬：10〜11月

マッシュルーム

フランス名のシャンピニオンとしてサプリメントも出回る健康食材です。口内炎や皮ふの抗炎症効果の他、口臭や便臭の消臭作用も。

食材データ（10gあたり）
エネルギー：1.1kcal　主な栄養素：カリウム 35mg、ビタミンB_2 0.029mg、ナイアシン 0.3mg　※生の場合　旬：4〜6月、9〜11月

あずき

食物繊維、ビタミンB_1、B_6などが豊富。赤の色素はアントシアニン。解毒、利尿、抗酸化作用の他、疲労や夏バテ解消にぴったりです。

食材データ（10gあたり）
エネルギー：14.3kcal　主な栄養素：たんぱく質 0.89g、脂質 0.1g、炭水化物 2.42g　※全粒、ゆでの場合　旬：通年

だいず

必須アミノ酸をバランスよく含み、たんぱく質も豊富。玄米と一緒に摂ることで、互いに補い合って「完全たんぱく質」になります。

食材データ（10gあたり）
エネルギー：18kcal　主な栄養素：たんぱく質 1.6g、脂質 0.9g、炭水化物 0.97g　※全粒、国産、ゆでの場合　旬：9〜11月

レンズまめ

水で戻さずに調理ができて消化がよく、栄養価が高いので、材料に取り入れたい豆のひとつ。免疫活性化、疲労回復などを目指す犬に。

食材データ（10gあたり）
エネルギー：35.3kcal　主な栄養素：たんぱく質 2.32g、脂質 0.13g、炭水化物 6.13g　※全粒、乾の場合　旬：通年

いんげんまめ

ビタミンB_1、B_2、カルシウムなどが豊富で、整腸作用や皮ふの健康に効果的です。

食材データ（10gあたり）
エネルギー：14.3kcal　主な栄養素：たんぱく質 0.85g、脂質 0.1g、炭水化物 2.48g
※全粒、ゆでの場合　旬：通年

そらまめ（おたふく豆）

たんぱく質が含まれ、ミネラル類が豊富。体力増強、夏バテ防止などに効果的です。

食材データ（10gあたり）
エネルギー：25.1kcal　主な栄養素：たんぱく質 0.79g、脂質 0.12g、炭水化物 5.22g
※煮豆の場合　旬：通年

ひよこまめ

疲労回復、高血圧予防、整腸作用などの効果に富んだクセのない豆です。

食材データ（10gあたり）
エネルギー：17.1kcal　主な栄養素：たんぱく質 0.95g、脂質 0.25g、炭水化物 2.74g
※全粒、ゆでの場合　旬：通年

香草、ハーブ類・スプラウト類

薬草やハーブには様々な薬効があり、古くから民間療法にも用いられてきました。ただし、薬効が非常に高いものもあるので、与え過ぎは禁物です。スプラウト類(新芽野菜)は、新芽の最も成長力のある状態なので、栄養価が高いのが特徴。種の時期には存在しなかった栄養成分が合成され、ビタミン、ミネラル、ファイトケミカルなどさまざまな栄養素が凝縮されています。家庭でかんたんに栽培できるのもうれしいです。

しそ

食用以外にも使える和のハーブは
殺菌作用、抵抗力の強化など効果もいっぱい

古くから日本に自生する和のハーブ。栄養価が高いのは青じそ、薬効があるのが赤じそです。β－カロテン、ビタミン B_1、B_2、B_6、C、E、Kの他ミネラルも豊富で、殺菌、防腐効果や食欲増進、健胃作用、血行促進、免疫力の正常化などが期待できます。食べるのはもちろん、煎じたり、お風呂に入れたりなど利用方法も多様です。

食材データ(10gあたり)
エネルギー:3.7kcal　主な栄養素:カルシウム23mg、ビタミンA(β－カロテン)1100μg、ビタミンC 2.6mg　※葉、生の場合　旬:赤じそ6～8月、青じそ7～10月

バジル

飼い主さんのイタリアンのついでに与えられ
香り成分でリラックスもできます

古くはギリシャの王家の薬草として用いられたバジル。カロテン、カリウム、カルシウムなどが豊富で、抗酸化、下痢止め、免疫力の強化、呼吸器系や筋肉、関節の痛みの緩和などに効果があるといわれています。ただ、肌荒れを引き起こす刺激性の強いメチルカビコールが含まれているので、直接犬の皮ふにつけるのは厳禁です。

食材データ(10gあたり)
エネルギー:2.4kcal　主な栄養素:カルシウム24mg、ビタミンA(β－カロテン)630μg、ビタミンE 0.35mg　※葉、生の場合　旬:7～8月

パセリ

病気への抵抗力や免疫力を向上させる食材
トッピングに活用して栄養価をプラスします

抗酸化作用のあるカロテンや、免疫力をアップするビタミンCが豊富。病気への抵抗力を強化、皮ふを健やかに保つ、眼病予防、血液の浄化などにも効果を発揮します。水に栄養素が流れ出る食材だけに、洗ってからきざむという手順で調理します。うれしい効果がいっぱいあるので、生のきざみパセリを少量振りかけるなど、上手に利用しましょう。

食材データ(10gあたり)
エネルギー:4.4kcal　主な栄養素:カルシウム29mg、ビタミンA(β－カロテン)740μg、ビタミンC 12mg　※葉、生の場合　旬:通年

アルファルファ

豊富かつ高い栄養素が特徴
ダイエット中にもおすすめの食材です

細く柔らかい新芽で、シャキシャキとした歯ごたえが特徴です。アメリカではダイエット食として人気があります。カロテン、ビタミン類、ミネラルが豊富で、食物繊維やたんぱく質なども含んでいる高栄養食材です。コレステロールを下げたり、肝臓の機能を高めたりする他、消化不良の解消、花粉症の改善にも効果が期待できます。

食材データ（10gあたり）
エネルギー：1.2kcal　主な栄養素：カルシウム1.4mg、ビタミンA（β－カロテン）5.6μg、ビタミンE 0.19mg
※生の場合　旬：通年

かいわれだいこん

手軽さがうれしいスプラウトは
血液をきれいにして免疫力を高めます

カロテンはじめ、ビタミンC、K、鉄やカルシウムを多く含みます。また、「奇跡のホルモン」として注目を集めるメラトニンの生成を促進する効果も。摂取することで、赤血球の生成、貧血予防、抗酸化作用、血液の浄化や老化防止、免疫力の向上などに役立つとされています。スプラウト類の中では最も手に入れやすく、身近な食材でしょう。

食材データ（10gあたり）
エネルギー：2.1kcal　主な栄養素：ビタミンA（β－カロテン）190μg、ビタミンK 20μg、ビタミンC 4.7mg
※芽ばえ、生の場合　旬：通年

もやし（りょくとうもやし）

意外と栄養バランスがよい食材
さまざまな種類の使い分けも楽しめます

発芽成長させた新芽の総称。多くは水分で構成されますが、たんぱく質やビタミン、ミネラルをほどよく含み、食物繊維も豊富です。「もやし」として安く売られているブラックマッペは黒い種皮が特徴。コレステロールを下げ、便秘解消に効果的です。だいずもやしは疲労回復に、そして長くて太いりょくとうもやしは、ビタミンCを多く含みます。

食材データ（10gあたり）
エネルギー：1.4kcal　主な栄養素：カリウム6.9mg、カルシウム0.9mg、ビタミンC 0.8mg
※生の場合　旬：通年

その他のスプラウト類

身近なものから珍しいものまで
さまざまなスプラウトから効果を摂り入れましょう

ガン予防効果に注目が集まっているブロッコリースプラウト。体が持つ解毒メカニズムを活性化するので、効果が3日以上持続するといわれています。そしてβ－カロテンが特に豊富で、粘膜保護に効果があるトウミョウも、スーパーなどでかんたんに手に入れられます。マスタード、レッドキャベツ、そばなど、他にも栄養価の高いスプラウトが多くあります。愛犬の好みに合わせていろいろな種類の中から選べるのも、飼い主さんにとってはうれしい食材です。

野菜と果物　野菜のレシピ

野菜のレシピ

日常的に手に入りやすい、野菜をたっぷり使った手作りごはんをご紹介。体の機能を正常に保つために必要なビタミンやミネラルが、野菜には多く含まれています。肉や魚の消化吸収の効率を上げるためにも、野菜が役立っているのです。カロリーも低く、使い勝手のいい野菜をどんどん活用しましょう。

※材料はSは5kg、Mは10kg、Lは15kgの成犬の1食分の分量を基本としています。

ドッグポトフ

S 206kcal　　M 314kcal　　L 416kcal

家にある野菜に牛ランプ肉を加えるだけで、かんたんに作れるレシピです。もちろん、他の肉や、魚を使ってもよいでしょう。味つけするとポトフやカレーなど飼い主さんも楽しめるメニューになります

■材料（1食分）

	S	M	L
牛ランプ肉	40g	70g	100g
じゃがいも	40g	50g	60g
にんじん	20g	25g	30g
キャベツ	25g	35g	45g
ごはん	40g	60g	75g
しそ	3g	5g	7g
オリーブ油	1ml	1ml	1ml

■作り方（所要時間25分）

1. じゃがいも、にんじん、キャベツ、牛ランプ肉をひと口大に切る。
2. 鍋にオリーブ油を引いて、1の野菜と牛ランプ肉を軽く炒める。
3. 2の鍋に、具材がひたひたになるまで水を入れ、柔らかくなるまで煮込む。
4. ごはんを深さのあるお皿に敷いて、3の具材とスープをかけ、最後にしそを散らせば、できあがり。

はるさめチャンプルー

低カロリーで、消化がよく、老廃物もたまりづらい
はるさめ。ごはんを炊く手間も省けます

■材料（1食分）

	S	M	L
豚ひき肉	35g	65g	90g
はるさめ	45g	75g	95g
はくさい	20g	25g	30g
にんじん	20g	25g	30g
しめじ	15g	20g	25g
さやえんどう	10g	15g	20g
ひじき	15g	20g	25g
オリーブ油	1mℓ	1mℓ	1mℓ

■作り方（所要時間25分）

1. ひじきは水で戻して、粗みじん切りにする。
2. にんじんとはくさいも粗みじん切り、しめじはひと口大に切り、さやえんどうはななめ薄切りにする。
3. 2のにんじん、はくさい、さやえんどうに、豚ひき肉と1のひじきを加えて、オリーブ油を引いたフライパンで炒める。
4. はるさめはゆでて、ざるにあげておく。
5. 3で炒めた具材と、4のはるさめをボウルであえて、お皿に盛りつけたら、できあがり。

S 192kcaℓ M 325kcaℓ L 425kcaℓ

S 171kcaℓ M 244kcaℓ L 332kcaℓ

マカロニサラダ

わかめとめかぶのマヨネーズ風ソースは
ミネラルが摂れるので、さまざまな料理に使えます

■材料（1食分）

	S	M	L
鶏むね肉	30g	50g	80g
マカロニ	50g	70g	100g
れんこん	20g	25g	30g
にんじん	20g	25g	30g
かぼちゃ	20g	25g	30g
きゅうり	15g	20g	25g
わかめ	10g	13g	15g
めかぶ	10g	13g	15g
豆乳	25mℓ	30mℓ	35mℓ
亜麻仁油	4〜5滴	8〜10滴	12〜16滴

■作り方（所要時間20分）

1. きゅうり、にんじん、かぼちゃ、れんこんをひと口大に切って、ゆでる。
2. ひと口大の鶏むね肉とマカロニもゆでる。
3. わかめとめかぶを合わせ、みじん切りにする要領でまな板の上でたたいて、ネバネバさせる。
4. 3のたたいたわかめとめかぶをボウルに入れ、豆乳を加えてまぜながら、亜麻仁油をたらしてソースを作る。
5. 1のゆでた野菜と、2の鶏むね肉とマカロニをボウルの中でまぜ合わせ、お皿に盛りつけたら、最後に4のソースをかけて、できあがり。

野菜と果物　野菜のレシピ

クリームシチュー

体を温める食材を使って、冬場にもおすすめ。
野菜も肉も摂れる彩りの美しいメニューです

■材料（1食分）

	S	M	L
鶏むね肉	30g	50g	80g
さつまいも	55g	75g	100g
かぶ	20g	25g	30g
かぶの葉	10g	15g	20g
ブロッコリー	20g	25g	30g
カリフラワー	20g	25g	30g
にんじん	20g	25g	30g
豆乳	100mℓ	150mℓ	200mℓ
くず粉	2.5g	4g	5g
なたね油	1mℓ	1mℓ	1mℓ

■作り方（所要時間20分）

1. ブロッコリーとカリフラワー、かぶ、かぶの葉、にんじんを、ひと口大に切ってゆでる。
2. さつまいもはひと口大に切り、にごりがなくなるまで水で洗ってから、ゆでる。鶏むね肉はひと口大に切る。
3. 鍋になたね油を引き、1の野菜と2のさつまいも、鶏むね肉を入れて、軽く炒める。
4. 3の鍋に、豆乳と具がかぶるくらいの水を入れて軽く煮たら、水溶きくず粉を入れて少しとろみをつける。お皿に盛って、できあがり。

S 182kcaℓ　M 261kcaℓ　L 351kcaℓ

S 229kcaℓ　M 322kcaℓ　L 421kcaℓ

卵の花ベジごはん

野菜やおから、ごはんをまぜて作る、犬のおにぎり。
おからから、たんぱく質と炭水化物が摂れます

■材料（1食分）

	S	M	L
牛ひき肉	30g	45g	60g
ごはん	45g	60g	75g
おから	30g	45g	60g
にんじん	20g	25g	30g
キャベツ	20g	25g	30g
くず粉	小さじ1/4	小さじ1/3	小さじ1/2
だし汁	50mℓ	70mℓ	90mℓ
なたね油	0.5mℓ	0.5mℓ	0.5mℓ

■作り方（所要時間25分）

1. にんじん、キャベツをみじん切りにする。
2. フライパンに薄くなたね油を引き、1のにんじんとキャベツを炒めて、おからを入れ、だし汁を加えながらあえて、取り出しておく。
3. 2のフライパンに牛ひき肉を入れ、炒めたら、水溶きくず粉を加えて、あんを作る。
4. ごはんをボウルに入れ、2のおからをまぜ合わせ、丸く成型したら、お皿に盛りつける。
5. 4に3のあんをかければ、できあがり。

はくさいと納豆ロール

犬が大好きな納豆を、はくさいで巻きました。
納豆はたんぱく質が豊富です

■材料（1食分）

	S	M	L
豚ひき肉	35g	45g	60g
ごはん	45g	60g	75g
かぼちゃ	35g	40g	45g
納豆	30g	35g	40g
はくさいの葉	大1枚	大1枚	大1枚
なたね油	0.5mℓ	0.5mℓ	0.5mℓ

■作り方（所要時間30分）

1. かぼちゃを小さく切ってゆでたら、温かいうちにラップに包んでつぶし、マッシュにする。
2. はくさいの葉を30秒くらいさっとゆで、すぐに冷水にさらして、水気を切る。
3. フライパンになたね油を薄く引き、豚ひき肉を炒める。
4. 巻きすの上に2のはくさいの葉を乗せ、その上にごはん、納豆、3の豚ひき肉、1のかぼちゃを重ねて、太巻き寿司の要領で巻く。
5. 4で巻いた納豆ロールをひと口大に切り、お皿に盛りつけたら、できあがり。

S 265kcal   M 331kcal   L 416kcal

S 154kcal   M 209kcal   L 264kcal

あわと野菜のごはんスープ

あわは栄養バランスのよい雑穀。
低カロリーなので、ダイエット中の犬にもぴったり

■材料（1食分）

	S	M	L
鶏ささ身	35g	45g	55g
ごはん	35g	50g	65g
あわ	15g	20g	25g
ごぼう	20g	25g	30g
ブロッコリー	20g	25g	30g
なめこ	15g	20g	25g
オクラ	10g	15g	20g
ミニトマト	1個	1個半	2個
パセリ	3g	5g	7g
だし汁	120mℓ	160mℓ	200mℓ

■作り方（所要時間20分）

1. あわは茶こしなどに入れてやさしく洗い、15分ほど煮たら、ごはんとまぜる。ごぼうは小さなイチョウ切りにし、1分ほど水にさらす。
2. オクラ、ブロッコリー、なめこ、鶏ささ身をひと口大に切る。
3. ミニトマトをひと口大のさいの目切りにする。
4. 鍋にだし汁を入れて、1のあわとごぼう、2のオクラとブロッコリー、なめこ、鶏ささ身を煮る。できあがり寸前に、3のミニトマトを入れて火を通す。
5. お皿に盛り、パセリをきざんで散らしたら、できあがり。

野菜と果物　果物

果物

ビタミン、ミネラル、食物繊維などの他、健康維持に役立つフラボノイド類やポリフェノール類、カロテノイドなどを含んでいます。低カロリーながら果糖を含み、甘みがあるので、好む犬が多いようです。果糖は腸での吸収が遅く、消化のスピードがゆっくりになるため、血糖値の上昇がゆるやか。その反面、果物は中性脂肪に変わりやすいので、摂取カロリーの10％以内に収めて与える必要があります。

バナナ

低カロリーながら腹持ちのよい食材 免疫力を高める効果にも注目です

白米の約3分の1という低カロリーながら、ブドウ糖、果糖、ショ糖などの糖質が含まれています。糖質にはすぐにエネルギーに変わる糖と時間がかかる糖があるため、さまざまな糖質を含むバナナを食べると、それだけエネルギーが長く持続して腹持ちもよいというわけです。

また、免疫力を高める効果があり、その成分は加熱しても変化せず、体内のアルカリや酸にも壊れにくいという特徴を持っています。しかし、バナナの実はカリウムを多く含むため、カリウムを摂り過ぎる可能性があります。心疾患や副腎疾患、腎疾患が気になる犬の場合は、与える頻度や量を少なくするなど、調節する必要があるでしょう。

夏バテ防止、皮ふの正常化、抗酸化などにも役立ちます。

食材データ（10gあたり）
エネルギー：8.6kcal
主な栄養素：カリウム36mg、ビタミンC1.6mg、食物繊維0.11g　※生の場合
旬：通年

いちご

ビタミンC含有量は果物の中でトップクラス。10kgの犬には1日に中粒2個で十分です。抗酸化、免疫力向上などに効果を発揮します。

食材データ（10gあたり）
エネルギー：3.4kcal　主な栄養素：カリウム17mg、葉酸9μg、ビタミンC6.2mg　※生の場合
旬：12〜6月

すいか

犬の嗜好に合うすいかには、リコピンの抗酸化作用の他、カリウムの利尿作用などがあります。体を冷やすので、与え過ぎに注意しましょう。

食材データ（10gあたり）
エネルギー：3.7kcal　主な栄養素：カリウム12mg、ビタミンA（β-カロテン）83μg、ビタミンC1mg　※生の場合　旬：7〜8月

なし（日本なし）

水分が豊富で高血圧を予防するカリウム、便通を整えるソルビトールなどを含み、新陳代謝を促進。摂り過ぎるとお腹を下すので注意。

食材データ（10gあたり）
エネルギー：4.3kcal　主な栄養素：カリウム14mg、食物繊維0.09g　※生の場合
旬：9〜10月

ブルーベリー

アントシアニンを含み、目によいことで知られています。他にもβ-カロテンなどのビタミンが、抗酸化作用や骨の強化に役立ちます。

食材データ（10gあたり）
エネルギー：4.9kcal　主な栄養素：カリウム7mg、ビタミンA（β-カロテン）5.5μg、ビタミンE 0.17mg
※生の場合　旬：6〜7月

メロン

体に取り込まれた有害物質を無毒化する機能を高めるポリフェノールを含む他、抗酸化や高血圧に有効です。カリウムが多いため量に注意。

食材データ（10gあたり）
エネルギー：4.2kcal　主な栄養素：カリウム34mg、ビタミンB_6 0.01mg、食物繊維0.05g　※温室メロン、生の場合　旬：5〜8月

もも

果物の中でもカリウムの含有量が多く、老廃物の排出を促します。また、食物繊維も豊富なので、整腸作用などの効果も期待できます。

食材データ（10gあたり）
エネルギー：4kcal　主な栄養素：カリウム18mg、ナイアシン0.06mg、食物繊維0.13g
※生の場合　旬：7〜9月

ラズベリー

ビタミンC、葉酸、アントシアニンなどが豊富な木いちごの仲間。抗酸化や皮ふの健康維持、抗ウイルス作用などの効能があります。

食材データ（10gあたり）
エネルギー：4.1kcal
主な栄養素：葉酸3.8μg、ビタミンC 2.2mg、食物繊維0.47g
※生の場合　旬：6〜8月

りんご

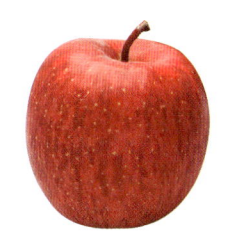

栄養価が高く、ビタミンやミネラルが豊富で、コレステロール排出などに効果を発揮。ポリフェノールが含まれる皮ごと与えましょう。

食材データ（10gあたり）
エネルギー：5.4kcal　主な栄養素：カリウム11mg、ビタミンC 0.4mg、食物繊維0.15g
※生の場合　旬：9〜11月

その他の果物

尿路系を正常に保ち、結石予防に役立つクランベリーや抗ガン作用に注目が集まるうんしゅうみかんもおすすめです

おすすめはクランベリーとうんしゅうみかんです。クランベリーは、アメリカの民間療法で古くから利用されてきました。含有されるキナ酸は尿路感染症の緩和に効果があり、膀胱炎になりやすい犬にも最適です。未来の結石を予防する食材として覚えておきましょう。うんしゅうみかんに含まれるβ-クリプトキサンチンは吸収されやすく、ガンや骨粗鬆症予防に役立つ成分ともいわれています。皮は体を温めますが、実は冷やすので多量摂取は禁物です。

ごはんを食べない時は？

食が細かったり、好き嫌いが多かったり、ごはんを食べさせるのに
いつもひと苦労という飼い主さんも多いのではないでしょうか。
そんな時には、以下のようなアイデアを試してみては？
愛犬がどうしてもごはんを食べない場合に順番に取り入れてみてください。

食欲をアップさせる
6つのアイデア

①温める

まずはごはんを少し温めてみてください。温かいほうが香りが立ちやすく、嗜好性が上がります。同じ内容の食事でも冷めてしまったものよりも温かいものを好きな子が多いでしょう。

②風味をつける

それでも食べない子には、ごはんにほんの少しだけ風味をつけてみてください。花かつおやすりごまなどを少量まぶしてあげることで、風味が増し、嗜好性を上げられます。

③だし汁を加える

ごはんにかつおやこんぶ、しいたけなどから取っただし汁を「少量だけ」加えてみましょう。だしのうま味が加わることで、味つけではないけれど、同じような効果が得られます。

④食材を焼く

調理方法では食材を焼いて与えるのがおすすめです。油は嗜好性を高めてくれる存在。蒸すのと焼くのでは、焼いたほうが香りが立つため、胃液やだ液の分泌を促します。

⑤食材を揚げる

焼くのと同じように油の嗜好性を利用したアイデアです。素揚げが1番カロリーが少ないので、まず素揚げから。それでも食べない場合は、天ぷらやフライ風にしてみてもいいでしょう。

⑥味をつける

塩味は嗜好性を高めるため、ドッグフードにもナトリウム成分が含まれています。1回濃い味に慣れてしまうとさらに食べなくなってしまうので、ごくごく薄い味をつけましょう。

残らないように作ろう

作りたてのごはんが美味しいのは犬も人間も同じことです。忙しいと、毎日作るのは大変だからと、ついつい保存することを考えがちになります。せっかく手作りごはんにトライするのであれば、栄養素を最大限に消化吸収できるよう、作りたてを与えるように心がけてみてはいかがでしょうか。

栄養素を最大限に活かすために

1回に作る量は朝晩2回分くらいにして、なるべく作りたてを与えることをおすすめします。冷凍保存したり、解凍したりする過程でどうしても、栄養価が落ちたり、変質したりする可能性があります。手間がかかるものを作ってなん日分も保存するのではなく、かんたんに作れるものをすぐ与えるほうが、栄養価の面を考えると最適ですし、ワンちゃんもきっとおいしく食べられるはず。そのためにも残らない量を作ることが大事なのです。

穀類やいも類は消化できなくなってしまうこともあります

穀類やいも類に含まれるでんぷん質は加熱することで消化がよくなりますが（α化）、1回加熱したものを水分を含んだまま冷たくすると、消化できなくなってしまう（β化）という特性があります。ですから、でんぷん質が含まれているものの冷蔵保存は避けたほうがいいでしょう。室温で保存するのは問題ありません。夏の暑い時期などは傷ませないようにすることが先決ですが、冬場はなるべく常温で保存するようにしましょう。

冷凍保存した場合は？

多めに作ってしまい、調理済みのごはんをどうしても冷凍保存したい場合も、でんぷん質を含む食材は消化に影響しますので、取り除いてから冷凍するようにしましょう。また、冷凍したものを解凍する際、つい電子レンジを使ってしまいがちですが、電磁波の影響で食材の細胞に変化が起きるといわれているため、できれば電子レンジの使用は避けたいもの。自然解凍する、蒸す、鍋で温めるなどの方法で解凍することをおすすめします。

穀類とその他の食材帖

Cereal and Others

穀類とその他 穀類

穀類

動物は穀類からエネルギー源となる炭水化物、でんぷんを摂取します。精白すると、全粒穀物が持つ生命力や栄養素を精米時に失ってしまいます。また、穀物は傷が入った時から酸化が始まるので、精米直後の米を調理するか、栄養素たっぷりの玄米を与えたいものです。ただ、玄米は白米ほど消化がよくないので、適応力がつくまでの間は便の様子を見ながら、煮込んで柔らかく調理して与えるなどの工夫が必要でしょう。

精白米

精米することで栄養素が減りますが日本の主食としては欠かせない存在

精白米は、玄米を精米して、ぬかと胚芽を完全に取ったもの。玄米、三分つき米、五分つき米、七分つき米、胚芽米、白米の順に精白の度合いが変わり、栄養素も減っていきます。蒔くと芽が出るように、玄米には生命力があるので、摂ることで生命の恵みもいただけるのです。できることなら愛犬には精白米よりも玄米を与えるのが望ましく、それをきっかけに飼い主さんも玄米を食べるなど、家族全員が生命力に満ちあふれるのが理想的でしょう。

とはいえ、精白米もたんぱく質、脂肪、糖質、食物繊維、カルシウム、ナトリウム、リン、鉄、ビタミンB_1、B_2、B_6などの他、必須アミノ酸も含んでいます。豚肉と一緒に摂ると、より有効に体に吸収され、栄養価も高まります。

食材データ（10gあたり）
エネルギー：16.8kcal
主な栄養素：たんぱく質 0.25g、脂質 0.03g、炭水化物 3.71g　※水稲めしの場合
旬：8月下旬〜11月

アマランサス

たんぱく質が非常に多く、カルシウム、脂肪、鉄、繊維質やミネラルなどを含む高栄養価の穀類。お米や小麦アレルギーの犬にも最適。

食材データ（10gあたり）
エネルギー：35.8kcal
主な栄養素：たんぱく質 1.27g、脂質 0.6g、炭水化物 6.49g
※玄穀の場合　旬：通年

あわ

食物繊維、カルシウム、鉄、マグネシウム、亜鉛、カリウムが豊富です。米や小麦アレルギーの代替食材としても利用できます。

食材データ（10gあたり）
エネルギー：36.4kcal
主な栄養素：たんぱく質 1.05g、脂質 0.27g、炭水化物 7.31g
※精白粒の場合　旬：通年

オートミール（えんばく）

全粒粉で栄養が豊富です。コレステロールを排出し、免疫力を高めます。豆乳で炊いておかゆにする食べ方がおすすめです。

食材データ（10gあたり）
エネルギー：38kcal
主な栄養素：たんぱく質 1.37g、脂質 0.57g、炭水化物 6.91g
旬：通年

おおむぎ

食物繊維、カルシウム、カリウム、ミネラルが豊富です。抗ガン作用があるとされていますが、体を冷やすので冬場は避けましょう。

食材データ（10gあたり）
エネルギー：34.3kcal
主な栄養素：たんぱく質 0.7g、脂質 0.21g、炭水化物 7.62g
※米粒麦の場合　**旬**：通年

きび

精白米と比較して食物繊維の他にミネラルが非常に豊富です。善玉コレステロール値を高める効果があり、新陳代謝を活発にします。

食材データ（10gあたり）
エネルギー：35.6kcal
主な栄養素：たんぱく質 1.06g、脂質 0.17g、炭水化物 7.31g
※精白粒の場合　**旬**：通年

玄米

栄養価をバランスよく含有し、解毒作用が高く、新陳代謝を高めます。消化しづらい場合もあるので、よく煮込んで与えましょう。

食材データ（10gあたり）
エネルギー：16.5kcal
主な栄養素：たんぱく質 0.28g、脂質 0.1g、炭水化物 3.56g
※水稲めしの場合　**旬**：通年

はとむぎ

新陳代謝を活発にし、皮ふを健康にするのに役立ちます。ごはんにまぜたり、スープに入れたりして使います。妊娠中の犬には不向きです。

食材データ（10gあたり）
エネルギー：36kcal
主な栄養素：たんぱく質 1.33g、脂質 0.13g、炭水化物 7.22g
※精白粒の場合　**旬**：通年

ひえ

穀物の中で最もアレルギーになりにくいといわれるアレルギー除去食です。たんぱく質や脂肪が豊富で、骨を丈夫にし、体を温めます。

食材データ（10gあたり）
エネルギー：36.7kcal
主な栄養素：たんぱく質 0.97g、脂質 0.37g、炭水化物 7.24g
※精白粒の場合　**旬**：通年

その他の穀類

充実した栄養素と効果が期待できる黒米や完全食品に近いキヌアには特に注目です

薬米の別名を持つ黒米。色素であるアントシアニンは、血管の保護や強化、動脈硬化予防、発ガン抑制、抗酸化作用、滋養強壮、造血などの効果があるといわれています。精白米と比較して食物繊維7倍、カルシウム4倍、カリウム3倍、マグネシウム5倍と、栄養素が充実しているのも特徴です。南米の主食であるキヌアは、必須アミノ酸を全て含んでおり、完全食品に近く、NASAが未来食としても注目するほど。普通に炊飯できる使い勝手もうれしいです。

穀類加工品

日本で生産されている小麦粉の原料の約8割は輸入に頼っており、国産のものは2割程度です。最近は品種改良や研究が進んで、国産でも強力粉の品種やモチモチ感のある中力粉が作られるようになりました。このジャンルの食材は、小麦粉、全粒粉、そば粉、米粉、パスタの原料であるデュラム小麦、さらに小麦粉を加工したうどんや、うるち米から加工されたもち、小麦粉のグルテンで作る焼きふなど、多岐に渡るのが特徴です。

薄力粉

クレープやおやつ作りに使う薄力粉は全粒粉で栄養素をすべていただきます

たんぱく質の量が6.5〜8%のものを薄力粉といいます。小麦粉はこのたんぱく質量で名称や料理の用途が変わります。薄力粉を使う場合、栄養価が高い全粒粉のものを選ぶのが最適です。というのも「植物の卵」と呼ばれ、五大栄養素をバランスよく含む胚芽部分には、たんぱく質やビタミンB_1、B_2、B_6、リノール酸や必須アミノ酸が多く含まれます。他にも、胚乳には炭水化物が、ふすま（皮部）にはセルロースとヘミセルロースの食物繊維、カルシウム、鉄が充実。このように、なにも除去せずに残った部位の栄養素は見逃せないものがあり、全粒粉はその小麦丸ごとの栄養素を摂取することができるのです。ただし、穀物は粉にすると酸化が始まるので、早めに使い切りましょう。

食材データ（10gあたり）
エネルギー：36.8kcal
主な栄養素：たんぱく質 0.8g、脂質 0.17g、炭水化物 7.59g　※1等の場合
旬：通年

強力粉

パンの原料などでおなじみ
与える時は肉や卵と一緒に与えるのがコツです

たんぱく質の量が11.5〜12.5%のものを強力粉と呼びます。でんぷん（糖質）の含有量は薄力粉よりも少なめです。強力粉を使ったパンなどの小麦粉のたんぱく質を与える際は、肉類や卵と一緒に摂ることで、必須アミノ酸スコアのリジンが補われ、栄養バランスが向上するため、より健康的なメニューとなります。

食材データ（10gあたり）
エネルギー：36.6kcal
主な栄養素：たんぱく質 1.17g、脂質 0.18g、炭水化物 7.16g　※1等の場合
旬：通年

うどん

**胃腸に負担をかけたくない犬にぴったり
塩分を排した自家製うどんがおすすめです**

中力粉を原料にした、高エネルギー食品です。成分のほとんどはでんぷん（糖質）。消化がよい食材です。しかし、噛まずに飲み込みがちな犬には、よく煮込んで与えることが大切。また、市販のうどん（乾麺も）は塩分が高いのが玉にキズです。P76のうどんレシピを参考に、ヘルシーなうどんを手作りしてあげてください。

食材データ（10gあたり）
エネルギー：10.5kcal
主な栄養素：たんぱく質 0.26g、脂質 0.04g、炭水化物 2.16g ※ゆでの場合
旬：通年

そば粉

**穀類の中でも栄養素の豊富さは随一
血管、皮ふ、粘膜などを健康的に育みます**

玄米を上回る栄養素を持つ、健康的な食品です。おすすめの調理法は、そば粉のクレープ。栄養素が流れ出ないのがポイントです。ビタミンB_1、E、ナイアシン、ミネラル類などを豊富に含み、血管を若々しく保ったり、皮ふや粘膜を保護してくれたり、たんぱく質や脂肪、糖質の吸収利用効率を高めたりなど、さまざまな効果が期待できます。

食材データ（10gあたり）
エネルギー：36kcal
主な栄養素：たんぱく質 1.02g、脂質 0.27g、炭水化物 7.16g ※中層粉の場合
旬：11～12月

マカロニ・スパゲッティ

**全粒粉のものは少量でも満足感あり
アルデンテではなく、柔らかくゆでましょう**

原料のデュラム小麦は通常の小麦と比べて固いのが特徴で、良質のたんぱく質、ビタミン、鉄、カリウム、食物繊維などを含みます。中でも全粒粉のものは、少量でも満腹感があっておすすめ。こういったパスタ類は、塩を入れずにゆでるのがルールです。アルデンテではなく、少しゆで過ぎくらいの柔らかさが、犬には適しています。

食材データ（10gあたり）
エネルギー：14.9kcal
主な栄養素：たんぱく質 0.52g、脂質 0.09g、炭水化物 2.84g ※ゆでの場合
旬：通年

もち

銅、亜鉛、炭水化物などを含有。のどに詰まりやすいので、必ず1mmくらいに切り、パリパリに焼いてせんべい状にして与えます。

食材データ（10gあたり）
エネルギー：23.5kcal
主な栄養素：たんぱく質 0.42g、脂質 0.08g、炭水化物 5.03g
旬：通年

焼きふ

ミネラル豊富で低脂肪、消化もよく、低カロリーなたんぱく源なのでダイエット中の犬におすすめですが、与え過ぎは禁物です。

食材データ（10gあたり）
エネルギー：38.5kcal
主な栄養素：たんぱく質 2.85g、脂質 0.27g、炭水化物 5.69g
※観世ふの場合　旬：通年

大豆加工品・乳製品

原料のだいずは、肉や魚に負けない良質な植物性たんぱく質です。生は「消化がよくない」というデメリットを、加工することで解消。加工品は栄養価が高く、安価なものが多いので、犬のメニュー作りにうれしい食材といえます。また、ガン予防効果が高いという研究結果もあるようです。牛乳などの乳製品は、乳が血液からできていることや、他の動物の乳を飲むことが果たしてよいかなどと考えると、あまりおすすめできません。

納豆

血液をサラサラにする酵素や腸内環境を整える働きに注目です

たんぱく質、カルシウム、食物繊維、ビタミン E、B_2、B_6、カリウム、マグネシウム、鉄など豊富な栄養素が含まれています。筋肉や臓器を作り、骨や歯の形成を助け、コレステロールを減らす他、便秘の解消や免疫機能を正常に保つなど、さまざまな効果が期待できる食材です。また、イソフラボンなどの多くの抗酸化物質を含むので、老化や酸化しない体作りにもひと役買うでしょう。
さらにナットウキナーゼという酵素は血液をサラサラにする効果が認められており、ビタミン K_2 も含んでいるので、強い骨作りをサポートします。植物性の発酵食品なので、腸内環境を整える働きも頼もしいです。ただし、与え過ぎは胃拡張や胃ねんてんの原因ともなるため要注意。

食材データ（10gあたり）
エネルギー：20kcal
主な栄養素：たんぱく質 1.65g、脂質 1g、炭水化物 1.21g　※糸引き納豆の場合
旬：通年

厚揚げ（生揚げ）

木綿豆腐を水切りして揚げた製品。老化防止、疲労や体力回復などに役立つ食材です。湯通ししてカロリーを抑えましょう。

食材データ（10gあたり）
エネルギー：15kcal
主な栄養素：たんぱく質 1.07g、脂質 1.13g、炭水化物 0.09g
旬：通年

油揚げ

豆腐を薄く切って揚げたもので、脂肪が多めなので湯通ししてから調理しましょう。健脳やコレステロールの排出に効果的です。

食材データ（10gあたり）
エネルギー：38.6kcal
主な栄養素：たんぱく質 1.86g、脂質 3.31g、炭水化物 0.25g
旬：通年

おから

食物繊維が多く含まれ、腸を活発にします。栄養価が高く、低カロリー。調理法でアレンジできるので活用したい食材のひとつです。

食材データ（10gあたり）
エネルギー：11.1kcal
主な栄養素：たんぱく質 0.61g、脂質 0.36g、炭水化物 1.38g
※新製法の場合　旬：通年

きな粉

炒っただいずを挽いたものです。生のだいずよりも栄養素の消化吸収に優れ、抗酸化、抗炎症、抗アレルギー効果などが期待できます。

食材データ（10gあたり）
エネルギー：43.7kcal
主な栄養素：たんぱく質 3.55g、脂質 2.34g、炭水化物 3.1g
※全粒大豆の場合　旬：通年

凍り豆腐（高野豆腐）

たんぱく質量が圧倒的に多いのが特徴です。ビタミンB_2と一緒に与えるとアミノ酸が活かされて効果的。ただし、与え過ぎは禁物です。

食材データ（10gあたり）
エネルギー：52.9kcal
主な栄養素：たんぱく質 4.94g、脂質 3.32g、炭水化物 0.57g
旬：通年

豆乳

だいずのしぼり汁。犬に与えるには無調整豆乳が最適。消化率が90%以上と優れており、体が弱っている犬でも摂り入れられます。

食材データ（10gあたり）
エネルギー：4.6kcal
主な栄養素：たんぱく質 0.36g、脂質 0.2g、炭水化物 0.31g
旬：通年

絹ごし豆腐

ビタミン類は木綿豆腐より若干高めです。インスリン分泌を促す成分のおかげで、糖尿病予防や血糖値上昇の抑制効果があります。

食材データ（10gあたり）
エネルギー：5.6kcal
主な栄養素：たんぱく質 0.49g、脂質 0.3g、炭水化物 0.2g
旬：通年

木綿豆腐

絹ごし豆腐よりたんぱく質や必須ミネラルが豊富で、高カロリー。たんぱく質を多く与えたい時は絹ごしより木綿豆腐がおすすめです。

食材データ（10gあたり）
エネルギー：7.2kcal
主な栄養素：たんぱく質 0.66g、脂質 0.42g、炭水化物 0.16g
旬：通年

無脂肪乳（脱脂乳）

乳脂肪分0.5%未満。低カロリー、低脂肪ですが栄養素は牛乳と差がありません。

食材データ（10gあたり）
エネルギー：3.3kcal
主な栄養素：たんぱく質 0.34g、脂質 0.01g、炭水化物 0.47g　旬：通年

やぎ乳

牛乳より濃厚で、タウリンやカルシウムなどを多く含みます。消化吸収も早め。

食材データ（10gあたり）
エネルギー：6.3kcal
主な栄養素：たんぱく質 0.31g、脂質 0.36g、炭水化物 0.45g　旬：通年

ヨーグルト

牛乳に乳酸菌を加えた発酵食品。犬に与える場合はプレーンタイプを選びます。

食材データ（10gあたり）
エネルギー：6.2kcal　主な栄養素：たんぱく質 0.36g、脂質 0.3g、炭水化物 0.49g
※全脂無糖の場合　旬：通年

穀類とその他 ／ 乾物・藻類

乾物・藻類

天日干しで水分を発散させることで栄養素が凝縮され、さらに太陽の光によって化学変化を起こして栄養価が上がった乾物たち。このため、乾物と生とを同じグラム数で比較すると、カロリーも栄養素も乾物のほうが高くなります。乾物はたくさん摂るものではなく、日々のメニューの中でごく少量与えるのであれば、ミネラル源として有効です。ただし、乾物も藻類もナトリウムを多く含むので、与える時は量に注意してください。

ごま

豊富な栄養素で愛犬をサポート
セサミンが酸化や老化から守ります

昔から漢方に用いられてきたごま。黒ごま、白ごま、金ごまがあり、栄養素にさほど差はありませんが、黒ごまはアントシアニンを多く含有しています。全般的には、たんぱく質、ビタミンA、B_1、B_2、B_6、ナイアシン、ビタミンE、葉酸、カルシウムなどを豊富に含んでいます。

また、セサミンなどの抗酸化物質も多く含み、活性酸素による細胞の老化や過酸化脂質の増加を抑制するといわれています。セサミンなどは肝臓に運ばれて、肝臓の活性酸素を減少させ、肝機能を高める効果もあるそうです。

骨粗しょう症の予防、貧血の改善、脂肪代謝の促進、細胞の老化防止、便秘解消、肝機能強化、ガンやコレステロール抑制などに役立つ食材として、注目を集めています。

食材データ（10gあたり）
エネルギー：59.9kcal
主な栄養素：たんぱく質2.03g、脂質5.42g、炭水化物1.85g　※いりの場合
旬：通年

かつお節

必須アミノ酸がすべて含有されており、高たんぱく、低脂肪で体力増強効果に優れています。与える時はほんの少量にしましょう。

食材データ（10gあたり）
エネルギー：35.6kcal
主な栄養素：たんぱく質7.71g、脂質0.29g、炭水化物0.08g
旬：通年

煮干し

作る工程で塩水が使用されるものもある、高ナトリウム食材です。酸化防止剤の使用も多く見られるので、与え過ぎに注意しましょう。

食材データ（10gあたり）
エネルギー：33.2kcal
主な栄養素：たんぱく質6.45g、脂質0.62g、炭水化物0.03g　※かたくちいわしの場合
旬：通年

あおのり

カルシウム含有量が煮干しの約5倍。鉄、ミネラル、β-カロテンも豊富で、栄養満点ですが、与え過ぎはミネラルが過剰になります。

食材データ（10gあたり）
エネルギー：15kcal　**主な栄養素**：ナトリウム340mg、カリウム77mg、マグネシウム130mg
※素干しの場合　旬：通年

角寒天

水溶性の食物繊維が豊富。低カロリーでエネルギーにはなりませんが、ダイエットや便秘解消、有害物質の排出に役立ちます。

食材データ（10gあたり）
エネルギー：15.4kcal　**主な栄養素**：ナトリウム13mg、カルシウム66mg、マグネシウム10mg　旬：通年

こんぶ（まこんぶ）

甲状腺ホルモンの成分であるヨウ素は他の海藻にも含まれます。皮ふや腸、肝臓にもよいですが、甲状腺疾患の場合は獣医師と要相談。

食材データ（10gあたり）
エネルギー：14.5kcal　**主な栄養素**：ナトリウム280mg、カリウム610mg、カルシウム71mg
※素干しの場合　旬：7〜9月

のり（あまのり）

β-カロテンの他血液を作るビタミンB_{12}が豊富。低カロリーで栄養価の高い食品ですが、リンなども高いので与え過ぎは禁物です。

食材データ（10gあたり）
エネルギー：17.3kcal　**主な栄養素**：カリウム310mg、ビタミンA（α-カロテン）880μg、ビタミンA（β-カロテン）3800μg　※ほしのりの場合　旬：通年

ひじき

強アルカリ性食品で、酸性に傾きやすい犬に最適。たんぱく質やビタミンCを一緒に摂ると、機能を発揮しやすくなります。

食材データ（10gあたり）
エネルギー：13.9kcal　**主な栄養素**：カリウム440mg、カルシウム140mg、ビタミンA（β-カロテン）330μg
※ほしひじきの場合　旬：通年

ふのり

江戸時代には民間薬、中国では漢方薬として使用された健康食品。血液をきれいにしてくれます。これも与え過ぎないよう注意が必要。

食材データ（10gあたり）
エネルギー：14.8kcal　**主な栄養素**：カリウム60mg、ビタミンA（β-カロテン）67μg、食物繊維4.31g
※素干しの場合　旬：通年

めかぶわかめ

フコイダンというぬめり成分は、有害物質の排出、抗ウイルス、コレステロールや血糖値の低下などに役立つといわれます。

食材データ（10gあたり）
エネルギー：1.1kcal　**主な栄養素**：ナトリウム17mg、カリウム8.8mg、カルシウム7.7mg
※生の場合　旬：通年

わかめ

褐藻類にしか含まれないフコキサンチンは、β-カロテンより高い抗ガン作用があるといわれています。とはいえ、与える際は少量で。

食材データ（10gあたり）
エネルギー：1.6kcal　**主な栄養素**：ナトリウム61mg、カリウム73mg、カルシウム10mg
※原藻、生の場合　旬：2〜6月

油脂類・でん粉類・その他の食材

油や脂肪を総称して油脂類と呼びます。油脂の成分である脂肪酸にはさまざまな種類があり、特に必須脂肪酸は体内では作れないので、食物から摂取する必要がある栄養素のひとつです。また他の脂肪酸もバランスよく摂取してください。でん粉は犬にとって実質的なエネルギー源で、加熱すると吸収がよくなります。しかし、加熱して水分が残ったまま冷えると消化できない状態になるので、加熱後の冷蔵庫保存や冷凍は避けましょう。

オリーブ油

悪玉コレステロールを減らし血液をサラサラに整える理想的な油

エクストラバージンオイルに含まれるオレオカンタールには抗炎症作用があるとされ、ごく少量を生で摂取することで、アレルギーや心疾患の予防が期待できるそうです。またオリーブ油は、血中の悪玉コレステロールのみを減少させ、血液をサラサラにするともいわれています。
熱による酸化に強いので、加熱調理にも適しています。アレルギーの犬にとってはサラダ油よりもおすすめです。
主にオレイン酸、ビタミンC、E、D、鉄、カルシウムを含み、血行促進や皮ふの健康、抗酸化作用などに役立ちます。そんな歓迎できる油ですが、あくまでも油なので高カロリーです。量には留意し、毎日常用するのは避けましょう。また、糖尿病の治療薬を投薬中の犬には不向きな食材です。

食材データ（10gあたり）
エネルギー：92.1kcal
主な栄養素：たんぱく質0g、脂質10g、炭水化物0g　※エキストラバージンオイルの場合　旬：通年

ごま油

含有のセサミンは善玉コレステロールを増やし、悪玉コレステロールを抑制。コールドプレス製法や玉絞りでできたものを選びましょう。

食材データ（10gあたり）
エネルギー：92.1kcal
主な栄養素：たんぱく質0g、脂質10g、炭水化物0g　※精製油の場合　旬：通年

なたね油

オレイン酸の効果で血中コレステロールを抑制します。加熱でも生でも使えます。遺伝子組み換えでない国産原料のものを選びましょう。

食材データ（10gあたり）
エネルギー：92.1kcal　**主な栄養素**：たんぱく質0g、脂質10g、炭水化物0g　※精製油及びサラダ油の場合　旬：通年

無塩バター

油脂類の中で最も消化がよく、消化率は 97〜98%。犬に与える時はおやつで使用する場合が多いのですが、与え過ぎにはご注意を。

食材データ（10gあたり）
エネルギー：76.3kcal
主な栄養素：たんぱく質 0.05g、脂質 8.3g、炭水化物 0.02g
旬：通年

うき粉（小麦でん粉）

小麦粉からたんぱく質のグルテンを取り除いたもの。炭水化物を多く含み、蒸すと透明感が出てプリプリに。おやつ作りにぴったりです。

食材データ（10gあたり）
エネルギー：35.1kcal
主な栄養素：たんぱく質 0.02g、脂質 0.05g、炭水化物 8.6g
旬：通年

かたくり粉（じゃがいもでん粉）

主成分は炭水化物。料理のうま味を封じ込める他に、食感がツルンとなるので、むせやすい犬に使うと嚥下が楽になるでしょう。

食材データ（10gあたり）
エネルギー：33kcal
主な栄養素：たんぱく質 0.01g、脂質 0.01g、炭水化物 8.16g
旬：通年

くず粉（くずでん粉）

漢方でも使われる多くの栄養素を持つ食材です。消化がよいのでごはん作りに最適。表示を確認し、原料が本くずのものを選びます。

食材データ（10gあたり）
エネルギー：34.7kcal
主な栄養素：たんぱく質 0.02g、脂質 0.02g、炭水化物 8.56g
旬：通年

コーンスターチ（とうもろこしでん粉）

主成分はとうもろこしのでん粉。水を加えて加熱すると消化しやすくなります。病後の回復時に与えたい食材のひとつです。

食材データ（10gあたり）
エネルギー：35.4kcal
主な栄養素：たんぱく質 0.01g、脂質 0.07g、炭水化物 8.63g
旬：通年

しらたき（糸こんにゃく）

食物繊維、カルシウムを含み満腹感もありますが、未消化で便に出てくるなら与える必要はありません。必ずアク抜きしましょう。

食材データ（10gあたり）
エネルギー：0.6kcal
主な栄養素：たんぱく質 0.02g、脂質 Tr、炭水化物 0.3g
旬：通年

はるさめ（緑豆はるさめ）

米アレルギーの犬に、米の代替として与えるとよいでしょう。緑豆の栄養素を含み、低カロリー。消炎、解熱にも効果的です。

食材データ（10gあたり）
エネルギー：34.5kcal
主な栄養素：たんぱく質 0.02g、脂質 0.04g、炭水化物 8.46g ※乾の場合
旬：通年

はちみつ

主成分のブドウ糖は消化吸収が早く、低血糖時に役立ちます。食前20分に舌に少量塗ると満腹感が増すので、ダイエット中に最適。

食材データ（10gあたり）
エネルギー：29.4kcal
主な栄養素：たんぱく質 0.02g、脂質 0g、炭水化物 7.97g
旬：通年

穀類とその他　穀類のレシピ

穀類のレシピ

手作りごはんがマンネリ化してしまうという飼い主さんに試していただきたい、穀物のメニューです。豆が消化しづらい犬には、細かくきざんで与えます。豆腐などの加工食品で豆の栄養素を摂取させてもよいでしょう。アレンジを効かせたごはんのレシピもおすすめです。

※材料はSは5kg、Mは10kg、Lは15kgの成犬の1食分の分量を基本としています。

豆まぜごはん

S　156kcal　M　221kcal　L　286kcal

一緒に食べると「完全たんぱく質」になるという、だいずと玄米がメイン。良質なたんぱく源であるたらをプラス、より一層たんぱく質が充実したごはんに仕上げました。脂肪、炭水化物も摂取できる優秀なレシピです

■材料（1食分）

	S	M	L
だいず	15g	25g	35g
玄米	40g	55g	70g
たら	40g	55g	70g
ごぼう	20g	25g	30g
アスパラガス	20g	25g	30g
にんじん	10g	15g	20g

■作り方（所要時間20分）

1. だいずはひと晩水に浸し、水を吸わせて水煮にする。
2. アスパラガスとごぼうはひと口大に切ってから、ゆでる。
3. たらもゆでて、骨を取り、身をほぐす。ゆで汁は少し取っておく。
4. にんじんをすりおろす。
5. 4のにんじんと炊いた玄米、1のだいずをまぜ合わせる。さらに、たらのゆで汁を小さじ1／2程度と、2のアスパラガスとごぼう、3のたらの身もまぜ、お皿に盛りつけたら、できあがり。

豆腐のとろとろ丼

充実したたんぱく質量で低カロリー。
アンチエイジングと肌にいい食材を集めました

■材料（1食分）

	S	M	L
さけ	40g	70g	105g
ごはん	40g	70g	105g
絹ごし豆腐	50g	65g	95g
なめこ	20g	25g	30g
ブロッコリー	20g	25g	30g
はくさい	20g	25g	30g
まいたけ	20g	25g	30g
くず粉	4g	5g	7g

■作り方（所要時間20分）

1. はくさい、まいたけ、ブロッコリー、豆腐はひと口大に切る。
2. さけはゆでて骨を取り、身をほぐす。
3. 鍋に1のはくさい、まいたけ、ブロッコリー、豆腐を入れ具材にかぶるくらいの水を入れて、煮る。
4. 3の鍋にひと口大に切ったなめこと、2のさけを入れる。
5. 4の鍋に水溶きくず粉を入れて、とろみをつける。
6. ごはんをお皿に盛り、5の具材をかけたら、できあがり。

S 185kcal　M 296kcal　L 436kcal

S 148kcal　M 245kcal　L 353kcal

ごまがゆ

抗酸化などに役立つごまのおかゆは
栄養価が高く、どの年齢の犬にもおすすめです

■材料（1食分）

	S	M	L
鶏むね肉	30g	50g	80g
ごはん	40g	70g	105g
れんこん	20g	25g	30g
チンゲンサイ	25g	35g	45g
きくらげ	5g	8g	10g
ミニトマト	1個	1個半	2個
黒ごま	3g	5g	8g
だし汁	120ml	150ml	200ml

■作り方（所要時間25分）

1. きくらげは水で戻してからみじん切りに。チンゲンサイと鶏むね肉は、ともにひと口大に切る。
2. 鍋にだし汁を入れ、1のきくらげとチンゲンサイ、鶏むね肉と、ごはんを入れて煮る。
3. ある程度煮えてきたら、れんこんをすりおろして、2の鍋に加え、さらに煮る。
4. 黒ごまをすり、3の火を止める寸前に入れてまぜる。
5. 4をお皿に盛り、ミニトマトを切って上に乗せたら、できあがり。

穀類とその他 / 穀類のレシピ

S 146kcal　M 183kcal　L 220kcal

かんたん手作りうどん

市販のうどんの多くには塩分が含まれているので、
家庭でできる無塩のうどんをメニューに役立てましょう

■材料（1食分）

	S	M	L
強力粉	40g	50g	60g
水	40ml	50ml	60ml

■作り方（所要時間10分）

1. 強力粉と水をボウルに入れてまぜる。ビニール袋にこの生地を入れ、はさみで角を小さく切る。
2. お湯を沸かし、1の生地を円を描くように鍋の中へ均等に押し出す。少し煮て、うどんが浮いてきたら、できあがり。

アレンジみぞれうどん

アレンジ自在なのも手作りの魅力。
さまざまな粉で色とりどりのうどんを作りましょう

■材料（1食分）

	S	M	L
さけ	45g	75g	105g
まいたけ	20g	25g	30g
レタス	25g	30g	35g
だいこん	15g	20g	25g
だいこんの葉	ひとつまみ	ひとつまみ	ひとつまみ
だし汁	120ml	150ml	200ml
強力粉	40g	50g	60g
紫いも粉	10g	12g	15g

S 258kcal　M 349kcal　L 443kcal

■作り方（所要時間20分）

1. まいたけとレタスはひと口大に切る。
2. 鍋にだし汁を入れて熱し、1のまいたけとレタス、さらにさけも入れて煮立たせる。
3. 手作りうどんの生地に紫いもの粉を入れてまぜ、円を描くように2の鍋の中へ、均等に押し出す。
4. 3の鍋のさけに火が通ったら火を止め、さけは骨を取ってから身をほぐし、うどんをお皿に盛りつける。
5. だいこんをおろし、4のうどんの上に乗せ、さらにきざんだだいこんの葉をひとつまみ散らしたら、できあがり。

かんたん手作りパンケーキ

膨張剤を使いたくないという飼い主さんに、おすすめの手作りパンケーキです

■材料（1食分）

	S	M	L
薄力粉	50g	60g	70g
卵液	10mℓ	15mℓ	20mℓ
うき粉	10g	12g	14g
豆乳	60mℓ	72mℓ	84mℓ
オリーブ油	0.5mℓ	0.5mℓ	0.5mℓ

S 273kcal　M 331kcal　L 389kcal

■作り方（所要時間10分）
1. ボウルに薄力粉と卵液、うき粉、豆乳を入れて、ダマができないようによくまぜる。
2. フライパンにオリーブ油を薄く引き、そこに1の生地をお玉ですくい入れて、弱火で両面焼いたら、できあがり。

S 357kcal　M 436kcal　L 514kcal

アレンジスープパンケーキ

スープの中に焼いたパンケーキが入った、お手軽で少しボリュームのあるメニューです

■材料（1食分）

	S	M	L
赤レンズまめ	30g	35g	40g
豆乳	60mℓ	80mℓ	100mℓ
マッシュルーム	20g	25g	30g
パセリ	5g	7g	9g
手作りパンケーキ	S	M	L

■作り方（所要時間25分）
1. 手作りパンケーキを作る。
2. マッシュルームはひと口大のスライスに、パンケーキはひと口大に切る。
3. パセリはきざんでおく。
4. 鍋に適量の水を入れて熱し、赤レンズまめを入れて煮る。
5. 4の赤レンズまめが煮えたら、2のマッシュルームとパンケーキを入れる。
6. 5のマッシュルームに火が通ったら豆乳を入れ、火を止める。
7. お皿に盛り、3のパセリを散らして、できあがり。

甘くない手作り犬スイーツ

S 37kcal　M 64kcal　L 91kcal

りんごのくず煮

■材料（1食分）

	S	M	L
りんご	40g	60g	80g
あわ	2.5g	5g	7.5g
くず粉	2g	4g	6g
水	適量	適量	適量

■作り方（所要時間15分）
1. あわを茶こしなどでやさしく洗ったら、水に入れて火にかける。
2. 煮えてきたらくし形に切ったりんごを入れ、中火で3分煮る。
3. 水溶きくず粉を2へ入れて、とろみをつける。
4. お皿に3のりんごを盛り、上からあわと、くずあんをかければ完成。

焼きバナナの渦巻きケーキ

■材料（1食分）

	S	M	L
バナナ	30g	40g	50g
薄力粉	20g	30g	40g
うき粉	5g	7g	10g
卵液	5ml	8ml	10ml
豆乳	45ml	67ml	90ml
オリーブ油	1ml	1ml	1ml

■作り方（所要時間15分）
1. ボウルに薄力粉と卵液とうき粉と豆乳を入れまぜて生地を作り、油を引いたフライパンでケーキを焼く。残った生地はビニール袋に入れ、渦巻き状に絞り出して焼く。バナナもひと口大に切って焼く。
2. お皿にケーキ、焼きバナナ、渦巻きケーキの順に盛る。

S 161kcal　M 230kcal　L 302kcal

S 56kcal　M 74kcal　L 92kcal

いちごの豆乳かん

■材料（1食分）

	S	M	L
いちご	1個半	1個半	1個半
豆乳	60ml	80ml	100ml
くず粉	6g	8g	10g
水	18ml	24ml	30ml

■作り方（所要時間15分）
1. 鍋に豆乳を入れて熱し、煮立ってきたら弱火にして、水溶きくず粉を入れながら、なめらかになるまで練る。
2. 型に1を入れて、固まらないうちに切ったいちご1個分を中央に沈め、常温で徐々に冷やす。
3. 2を冷蔵庫でひと晩冷やし、残りのいちごと一緒にお皿に飾ったらできあがり。

愛犬のために心を込めて作ってあげたい、甘くないおやつ。とはいえおやつをあげ過ぎるとハイカロリーになりがちなので、主食以外は1日に必要なカロリーの20％以内に収まるように心がけましょう。

クレープのクリーム包み

S 81kcal　M 109kcal　L 137kcal

■材料（1食分）

	S	M	L
いちご	1個半	1個半	1個半
薄力粉	15g	20g	25g
卵液	2ml	3ml	4ml
木綿豆腐	20g	30g	40g
豆乳	2ml	3ml	4ml
オリーブ油	0.5ml	0.5ml	0.5ml
水	30ml	40ml	50ml

■作り方（所要時間15分）

1. 水切りした木綿豆腐を、すり鉢で豆乳とまぜ、クリームを作る。
2. 薄力粉と水と卵液をボウルでまぜる。油を引いたフライパンで生地を焼き、1のクリームを乗せ、切ったいちごを1個分置いて包む。
3. クレープをお皿に盛り、残りのいちごを添えて、できあがり。

S 54kcal　M 72kcal　L 92kcal

かぼちゃの水まんじゅう

■材料（1食分）

	S	M	L
かぼちゃ	3.5g	5g	10g
くず粉	15g	20g	25g
水	60ml	80ml	100ml

■作り方（所要時間15分）

1. 小さく切ってゆでたかぼちゃを、温かいうちにマッシュする。
2. 分量の水で溶いたくず粉を、お鍋で熱しながら手早く練る。
3. 火を止めて2のくず粉の真ん中をくぼませ、1のかぼちゃを詰める。ラップの上に乗せ、キャンディのように両端を絞ったら、やけどしないようにふきんなどをつけた手で成型して、できあがり。

手作りふ菓子

S 57kcal　M 80kcal　L 115kcal

■材料（1食分）

	S	M	L
ふ	5個	7個	10個
卵白	6ml	8ml	11ml
キャロブパウダー	20g	28g	40g

■作り方（所要時間20分）

1. 卵白とキャロブパウダーをまぜ、ふを入れて、ふのまわりに絡めまぜる。つけすぎるとカリっとしないので注意。
2. 160℃のオーブンで6分焼き、ひっくり返してさらに2分。ザルなどに取って、冷ませばできあがり。

油について

油といえば肥満の元になるのでは？　と、悪いイメージがつきまといがちです。けれども、油はひとつひとつの細胞に栄養の取り込みや情報交換を行う細胞膜や、体の調節機能を果たすホルモンなどの重要な原料となります。そう、油は私たちが生きていく上で不可欠なものなのです。

重要なのは油の摂り方です

もちろん摂り過ぎは禁物ですが、いくつか種類がある油をバランスよく摂ることが大切です。

【不飽和脂肪酸】
体内で合成できず摂取する必要があるものは必須脂肪酸（不可欠脂肪酸）と呼ばれ、以下の2系統があります。

n−6系脂肪酸（リノール酸、アラキドン酸）
・**とうもろこし油、サフラワー油、大豆油、ひまわり油、ごま油**
肉をよく食べる子は多めに摂っている傾向。不足すると、発育不良、皮ふ炎などの原因に。摂り過ぎると、脂質異常、動脈硬化を起こしやすくなったり、炎症を悪化させたりする。

n−3系脂肪酸（α−リノレン酸、EPA、DHA）
・**魚油、しそ（えごま）油、亜麻仁油**
酸化しやすい。加熱には向かない。魚をよく食べる子は多めに摂っている傾向。悪玉コレステロールを減らし、免疫力を上げたり、炎症を抑えたりする働きがある。

加熱調理の際、n−6系の代用として活用したいものに、n−9系があります。

n−9系脂肪酸（オレイン酸）
・**オリーブ油、なたね油、ごま油（ごま油はn−6系とn−9系を両方含有）**
n−6とn−3のバランスに影響を与えないから使いやすい。悪玉コレステロールを減らし、動脈硬化を防ぐ働きがある。

【飽和脂肪酸】
・**バター、ラードなどの動物性脂肪**
酸化しにくい。加熱向き。悪玉コレステロールがたまる。摂り過ぎると、肥満、高脂血症、動脈硬化を起こす。

油を使う時の注意

酸化した油は大敵です。酸化した油の使用を避けるため、以下のようなことに注意しましょう。
● 熱を使った製法のものだと、作っている過程から酸化が始まるので、できれば熱を用いないコールドプレス（低温で絞る）法か玉絞りのものを選ぶ。
● より酸化が防げる遮光ビンや缶、開け口の広くない容器に入ったものを使用する。保存は冷暗所で。
● 封を開けたら、なるべく1ヵ月以内に使い切る。
● 熱に強い、弱いという性質を理解し、調理によって使い分ける。

こんな時にあげたい 食材＆与え方メモ

「消化によい食材」の与え方

消化に悪いものを食べると、多くのエネルギーが消化活動に奪われてしまいます。消化によいものを与え、胃の負担を軽くしてあげると、多くのエネルギーを生命活動に使うことができるのです。特に病気の時は、治癒にエネルギーを要するので、積極的に消化によいものを与えてください。

食材リスト

やまのいも、レンズまめ、ふ（膨張剤、重曹を不使用のもの）、鶏ささ身、だいこん、オートミール、豆腐、おから、白身魚、かぶ（葉は消化しづらいので、絞り汁を与える）、じゃがいも

胃の中に留まっている時間が短く、消化器や粘膜に負担をかけない食材が理想です。そして、いずれも消化をよくするため、また滅菌効果を考慮して、加熱調理が原則。人間が風邪気味のときにおかゆを食べるように、煮崩れたくらいのメニューが消化には最適です。ですから、犬に与える食材でも、煮るとクタクタになる食材を選びましょう。

与えるタイミングを覚えておきましょう

消化によい食事が求められるタイミングは、獣医師に胃もたれや消化不良、胃や腸の炎症を指摘された時、下痢などの症状がある時、体調不良や絶食後（絶食治療後含む）などです。生食（特に生野菜）や油は消化しづらく、生の肉や魚介には細菌もいるので、加熱調理が絶対です。

消化しやすい状態まで調理します

消化器の負担を軽減するために、消化しやすい状態まで煮込むことが大切です。おすすめの調理法としては、おかゆや茶碗蒸しなど。消化によいとされるうどんですが、噛まずに飲み込んでしまい、かえって消化しづらくなることも。どんな食材でも、煮崩れるまで調理しましょう。

消化の悪い食材はなるべく避けましょう

食物繊維が多いものは消化があまりよくありません。海藻（のりなど）、さつまいも、きのこ類、玄米（おかゆなら大丈夫）などです。しかし、食物繊維は、腸内環境を整えるためには必要。普段は積極的に与えつつ、消化によいものを与えるべき時期には控えるよう調整しましょう。

ポイント

毎日消化によい食材を与えることにも問題があります。なぜなら、消化がよいと吸収が早く、血糖値も上がってしまうからです。すると、食事直後にインスリンの分泌が盛んになり、これを繰り返すと糖尿病のリスクが高くなってしまいます。体が弱まっていない時は、食物繊維や他の食材をバランスよく摂ることが重要です。また、消化しにくい葉菜類や根菜類は加熱して与えると消化しやすくなります。加熱するとビタミンCや酵素が壊れることを心配する飼い主さんもいますが、それらは犬の体内でも合成されていて、補われるので問題ありません。

「胃腸をサポートする食材」の与え方

胃や腸の働きが正常だと、栄養素の消化や吸収、排出がスムーズになります。また腸は最大の免疫器官ともいわれ、免疫力の低下は腸のコンディションが悪いということでもあります。せっかくの栄養素を活かすためにも、これらの食材を取り入れ胃腸のサポートをしてあげましょう。

食材リスト

しそ、キャベツ、だいこんおろし、くず粉、ひよこまめ、こんぶ、ごま、すりりんご、かぶ、さつまいも、はちみつ、納豆（加熱は不可）、バナナ、はくさい、プロバイオニクス食品（活きて腸まで届くなどの表記があるもの）

これらは比較的カロリーが高くないので、毎日の食事に取り入れたい食材です。というのも、胃や腸などの消化器をしっかりと機能させることで、栄養分の吸収や代謝がスムーズになり、他の臓器にもよい影響を与えるから。1品でもよいので、メニューに組み込む工夫をしてみてください。

目先を変えてトッピング使いもあり

ごまやこんぶ、くず粉などは、大量に入れられる食材ではありません。その場合はトッピング感覚で大丈夫です。それなら、コンスタントに与えることができます。ごまなどの種子類や穀物は、傷が入った瞬間から酸化が始まるので、食べる直前にするようにしてください。

たんぱく質分解酵素が多い果物に注意

酢豚にパイナップルを入れて肉を柔らかくするように、たんぱく質分解酵素が多く含まれる果物があります。しかし、内臓は細胞のかたまりですから、この酵素が多いと胃に負担がかかってしまうのです。果物ならたんぱく質分解酵素が含まれていないバナナなどを選びましょう。

胃はいつでも働いているのです

胃には、たんぱく質の分解や細菌などを防ぐ役割があります。胃の働きが悪くなると消化不良を起こし、その他の臓器にも影響が及んで、栄養素が存分に吸収できなくなってしまいます。ですから、これらの食材を摂ることが胃腸をサポートすることにつながるのです。

ポイント

栄養管理の意義とは、ただよいものを体内に入れるだけではなく、新陳代謝させ、しっかりと排泄させる一連の流れのことをいいます。特に腸は最大の免疫器官ですから、食事でサポートすることが、栄養管理の面で大切です。また、食物繊維で便の排泄を促すことで、腸内に有害ガスが発生するのを防ぎ、腸内を善玉菌有利の状態へ導きます。ですから、日々の腸内環境チェックは「オナラ」で行うとよいでしょう。1日3回くらいだと正常ですが、それ以上だと腸内環境の乱れが疑われます。だから食物アレルギーの子はよくオナラをします。

「体を温める食材」の与え方

体温が下がると、免疫力も低下します。つまり、免疫力を高めるためには、体を冷やす食材は、避けましょう。しかし、真夏などは熱を放出する必要があります。飼い主さんは気温や愛犬の体温を日々チェックしながら、体を温める食材や中陽（温めも冷やしもしない）食材を選ぶ必要があります。

食材リスト

ごぼうやにんじんやれんこんなどの根菜、くず粉、かぼちゃ、ごま、ひえ、こまつな、ひじき、鶏、しょうが、かぶ、黒米、パセリ、ラム、しか、さけ、やまのいもなど

一般的に、濃色、暖色の食材は体を温めるものが多いようです。根菜など、土の下に伸びる野菜も、自分で熱を持っていて体を温めます。逆に、夏野菜などは自分が熱を持たないので太陽に向かって伸び、食べると体が冷えるのです。比較すると、水分が少なく固い食材は体を温め、油分や水分の多い食材は体を冷やす傾向があります。

体を冷やす食材も工夫次第で変化します

きゅうりやトマトなど体を冷やす夏野菜。しかし、避けていると、摂れる食材が限られてしまいます。その場合は、加工や加熱しましょう。また、体を温める食材と一緒に摂ることも効果があります。なによりも、バランスのよい食生活を工夫していくことが大切です。

温めも冷やしもしない中陽は理想的な食材

玄米、とうもろこし、いも類、だいず、白身魚、豚、いのしし、うずら卵、りんご、いちご、白きくらげ、キャベツ、さといも、そらまめなどの「中陽」食材は、体を温めも冷やしもしないので、いつ食べてもよい食材です。多くは黄色〜薄茶色をしています。与え過ぎには注意。

完全に冷めた食事より温かいものがおすすめ

犬に食事を与える際、完全に冷ますことが多いと思います。でも、温かい食べ物のほうが体がポカポカするのは人間と同じ。もちろん、熱過ぎる食事は避けるべきですが、犬が好きな38℃程度の人肌ならば大丈夫です。冷えた状態よりも香りが立って、嗜好性が高まる効果もあります。

ポイント

食材の中で、ひじきは消化しづらいので、細かくきざんで与えましょう。また、やまのいもの触るとかゆい成分に含まれるシュウ酸カルシウムは蓄積すると結石になる恐れがあるため、洗ってから調理してください。しょうがも刺激が強いので、絞り汁を1〜2滴が目安です。冷えの解消のために強化したい栄養素は、良質のたんぱく質、鉄分、ミネラル類、ビタミンE、C、B群。そして冷たい飲み物を避け、なるべく加熱したものを与えてください。日々の食事で、体を温めるために工夫をすることが、丈夫な体を作る第1歩といえるでしょう。

「ターンオーバーを促す食材」の与え方

皮ふは一定の周期で生まれ変わり、この新陳代謝のことを皮ふのターンオーバーといいます。ターンオーバーの周期は健康な犬で約20日、シニアは20日以上ですが皮ふに炎症などが続くと5〜10日くらいになり、皮ふが薄くなって刺激などに敏感になったりバリア機能が弱くなったりします。

食材リスト

もちきび、亜麻仁油、しそ油、玄米、ごま、白きくらげ、こんぶ、ひじき、だいず（大豆加工品含む。アルミ缶入りや添加物・塩分入りは避ける）、あずき、しゅんぎく、トマト、とうもろこし、かぼちゃ、しそ、さけ、豆腐、豆乳、きな粉など

特に代謝を促すポリフェノール（中でもアントシアニン）、フラボノイドは、トマト、かぼちゃ、ブルーベリー、とうもろこしなどに含まれます。ごま、玄米、もちきび、だいずには、細胞を作るために必要な亜鉛が、亜麻仁油、しそ油には、良質な細胞膜を作るα-リノレン酸が含まれます。

α-リノレン酸と一緒にセレンを摂りましょう

亜麻仁油やしそ油は、不足しがちなα-リノレン酸を含み皮ふの炎症を抑えるための原料となります。皮ふの状態をみて必ず熱を加えずに与えましょう。この時、白きくらげやさけ、こんぶなどセレンを含む食材と一緒に摂ると、皮ふに必要なコラーゲン創出を促すことができます。

皮ふケアにはビオチン 紫外線の対策もしよう

ターンオーバーを積極的にするビタミンB群の中でも、皮ふケアに効果的なビオチンを含むだいずやとうもろこし、トマトは進んで摂るようにしましょう。また、紫外線の影響で発生する活性酸素を分解するトマト（加熱調理）、しゅんぎく、かぼちゃなどもおすすめの食材です。

被毛ケアはたんぱく質を積極的に

毛のケアをしたい場合や長毛犬には、通常より多くのたんぱく質が必要になります。換毛期のある犬は特に毛の生え替わり時期に、だいずや羊、牛、鶏などの良質なたんぱく質を補うことで、美しい毛並みを作ることができるでしょう。もちろん、皮ふのケアも行ってください。

ポイント

亜麻仁油やしそ油は熱に弱いので、熱が加えられていない「コールドプレス」「玉絞り」という製法のものを選び、最後にドレッシング感覚でかけるのが有効です。また、酸化しやすいから、必ず遮光瓶入りのものにし、飼い主さんの食事にも上手に使って、長くても6週間以内に食べきってください。また、だいずは消化しづらいので、煮崩すか、豆乳や豆腐などの加工品で補いましょう。豆類は玄米と一緒に摂ると栄養バランス満点です。さらにごまをかければ最高。これらの食材は、ケアが必要な犬には意識して与えるようにしましょう。

「デトックスに効果的な食材」の与え方

有害物質が体にたまると、抵抗力が弱まり病気の引き金になりかねません。特に冬場は代謝が落ちます。つまり老廃物がたまりやすい時期だといえるのです。だから、春にデトックスすることはとても有効。週1回、これらの食材を摂って体内の掃除を、そして春に大掃除をするというイメージです。

食材リスト

玄米、ビート（赤かぶ）、ごぼう、りんご、ごま、はくさい、ブロッコリー、トマト、切干しだいこん、きくらげ、きび、アスパラガス、だいず、鶏むね、牛、羊、小麦粉、さけ、黒豆、黒米など

これらの食材は、血液サラサラ、毒素を排泄促進、腸内細菌バランスを保持、そして抗酸化作用（体のサビを防ぐ）、免疫にかかわるミネラルを含むといった特徴があります。毒素を排出するのが目的ですので、できるだけ無農薬、有機栽培などの食材を選ぶことが必須。また、葉はゆでたり、肉類の脂は取り除いたりという工夫も効果的です。

毒素を100％遮断するより排出するのが大事

タバコの煙や残留農薬、アルミ製の食器などから出る有害ミネラル、排気ガスやダイオキシンからの有害化学物質、たまってしまった体内毒素……私たちを取り巻く毒素は無数にあって、いくらケアしても完全に遮断するのは無理です。それより外に出すことを主眼に置きましょう。

「キレート効果」のある食材を与えましょう

鉛、水銀、ヒ素、カドミウムといった有害物質をはさみ込むように結合して排出する効果のことを「キレート効果」といいます。この効果がある食材は、ブロッコリー、アスパラガス、ごま、しょうが、豚などです。また、これらを亜鉛とともに食べると、キレート効果が促進されます。

腸内毒素の排出が体調を整えます

生活環境の乱れやストレス、有害物質などの影響で腸内に悪玉菌が増えると、便秘や下痢、さらには宿便（老廃物）がたまり、毒素を作って体の抵抗力を弱めてしまいます。そんな時は、「百害の毒を解く」といわれる黒豆、オリゴ糖を含む食材、黒ごま、黒米の摂取が効果的です。

ポイント

脂肪には有害物質がたまりやすいという特徴があるので、肉を買う時は脂身の少ないものを選んでください。また、野菜はアクを取り、魚の切り身も皮の部分に熱湯をかけて霜降りにしてから調理します。ひと手間で、なるべく有害物質を排除しましょう。また、「こげ」は酸化物質なので、こんがり焼くのを避けて調理することも大切。デトックスができると腸内環境が整い、排便が正常になる、オナラの回数が1日3回程度になるなどの変化が現れてきます。これは、摂り入れた栄養素がしっかりと機能している証拠です。

ワクチンや投薬後のデトックス

狂犬病の予防接種やワクチン、フィラリアの予防薬など、犬は人間よりも多くの薬物を摂取します。病気を防ぐためには欠かせませんが、体内に入った薬物は速やかに体外に排出したいものです。ですから、臓器に負担をかけず、デトックスをスムーズにする栄養素を積極的に摂ることが求められます。

食材リスト

くず粉（かたくりではないもの。胃腸を整え、肝臓や腎臓を浄化）、あずき（利尿作用、老廃物の排泄）、松の実や黒ごま（亜鉛が豊富で、肝臓や腎臓の解毒を促す）、香草やミレット、おおむぎ、押麦、ひえ、あわ、切干しだいこん、凍り豆腐（有害ミネラルを排出）、海藻や玄米や豆類（食物繊維豊富で、デトックス効果に優れる）、バナナ（腸内環境を整え、抗酸化作用）、ごぼう（リンパ系や肝臓をきれいにして、腎臓をリフレッシュ）

予防接種以降の1週間。また、投薬後などに意識して与えて、デトックスを促進しましょう。

❖ かんたんデトックスレシピ

デトックスひえがゆ

■材料（10kgの犬に対して1回分、219kcal）
ひえ40g、だいず50g、さといも30g、エリンギ25g、切干しだいこん10g、にんじん15g、だし汁150ml

■作り方（所要時間25分）
1. だいずは洗って、ひと晩に浸してから煮る。ひえはやさしく洗い、だし汁で煮る。
2. 切干しだいこんは水で戻し、粗みじん切りにする。エリンギもひと口大に切る。さといもは皮をむき、流水でぬめりを取ってからひと口大に切る。
3. 2の食材をだし汁で煮る。
4. さといもが煮えたら、3の鍋に1のだいずを入れてあえる。
5. お皿に4を盛り、その上ににんじんをすりおろして添えたら、できあがり。

デトックス玄米がゆ

■材料（10kgの犬に対して1回分、273kkcal）
凍り豆腐30g、玄米55g、ごぼう25g、ひじき20g、だいこんの葉15g、だいこん15g、だし汁150ml

■作り方（所要時間20分）
1. 玄米を炊き、ひじきは水で戻す。凍り豆腐はおろし金でおろし、ごぼうは小さなイチョウ切りにする。
2. 鍋にだし汁を入れ、1の食材すべてを入れておかゆ状になるまで煮る。
3. 2を煮ている間に、だいこんの葉を粗みじん切りにしておく。
4. 2がおかゆ状になったら、お皿に盛り、だいこんおろしとだいこんの葉を乗せて、できあがり。

黒豆茶

■材料（10kgの犬に対して2回分）
良質の国産黒豆 20粒

■作り方
1. 黒豆は流水で洗い、ザルに取って水気を切り、鍋（デトックス目的なので、できればテフロンやアルミ、鉄製を避け）ステンレス鍋で1分半ほど煎る。2. 黒豆の高さの2倍の水を入れ、鍋を再度、火にかける。
3. フタをして、水が減ったら加えながら煮ていく。
4. 黒豆が柔らかくなったら完成。黒豆を取り出し、常温に冷ましてから与える。

「シニア犬の滋養強壮食材」の与え方

犬の一生の半分はシニア期。シニアになると活動量や代謝が落ち、同時に体を維持するためのエネルギー量も、シニアになる前の成犬の時より20～30%減少します。その分、与えるべき栄養素を考える必要があります。まずは脂肪分を減らしてカロリーをコントロールしてください。

食材リスト

こまつな（体を温め、皮ふを健やかに）、かぼちゃ（免疫力強化、疲労回復）、れんこん（滋養強壮、便秘解消）、だいこん（食物繊維が多い）、ごぼうやきのこ類（免疫力アップ）、にんじん（冷え性や貧血、疲労回復効果）、ふのり（血液をサラサラにする）、きびやわかめ（新陳代謝を促す）、黒米（滋養強壮と造血作用、抗酸化作用）、レンズまめ（ミネラル類が豊富）、やまのいも（消化を助ける）

消化機能や代謝が低下して太る、唾液の分泌が減って食欲がなくなる、直腸の運動性が衰えて便秘になる……。それらを解消する食材を選びます。

良質たんぱくで低脂肪かつ消化のよいものを

骨格筋の消失を防ぐばかりでなく、抵抗力を高めるためにも十分なアミノ酸が必要になります。味覚が衰えて、食べる量も減りますが、良質なたんぱく質を摂るように心がけてください。また脂肪の代謝も衰えるので、低脂肪のものが理想。赤身やもも、ヒレなどがおすすめです。

犬の嗜好性を知るといざという時役に立つ

シニア期には、手術などで体力も気力も落ちることがあります。それと同時に、食が細くなりがちです。また、味覚が鈍化して、特定の味しか受けつけなくなることもあります。そんな時に、愛犬の食の好みを知っておくことが、食事を促す手助けになるでしょう。

多くても少なくても困る栄養素たち

シニア期になると、成犬期よりも多くのビタミンが要求されます。逆にリンが多いと、腎機能に負担をかけてしまいます。鶏のささ身や、乾物といった、リンを豊富に含む食材を多量に摂取したり、毎日与え続けたりするのは避けてください。また、塩分を控えることも大切です。

ポイント

老犬になると様々な変化に対応できず、それがストレスになって食欲減退につながることが多いようです。ですから、引っ越しや他の犬を招き入れるなどの環境の変化、また断食などの食生活の変化は、絶対に避けなければなりません。次に、シニア期に大事なのは、食事の質です。若い頃から、ジャンクフードやお菓子などの味を覚えさせてしまうと、いざ食欲が減退した時、そのお菓子しか食べなくなることがあります。それでは必要な栄養も摂れません。シニア期になる前から栄養面を考えた食事を与えることがとても重要です。

効果的な水の飲ませ方

「ドッグフードを食べさせていた頃に比べて水を飲まなくなった」という話をよく聞きます。確かに、手作りごはん自体に水分が含まれており、食事を摂ることで水分を摂取できている場合が多いのです。しかし、水そのもののミネラル分を摂ることも大切。そのためのテクニックを身につけましょう。

1日に摂取するべき水の目安は、必要摂取カロリーと同じ数値。たとえば1日200kcal必要な犬に与える水の目安は200mlという感じです。しかし、水分が多いメニューだったり、食材自体に水分が含まれていたりと、手作りごはんの水分量はわかりにくいのが現実。どう考えても水分が足りていない場合は、飲ませる努力も大切です。特に水分不足になりがちな夏場は積極的に。また水を飲みたがらない冬や、乾きに鈍感なシニア犬にも、意識して飲ませる必要があります。しかし、水分が足りていると飲まない場合もあるので、無理は禁物です。

水＝冷水ではない 実は犬はぬるま湯好き

水をあまり飲まない犬も、人肌に温めたぬるま湯ならたくさん飲むことが多いのです。目安は38℃。ポットのお湯に冷たい水をミックスして作ればかんたんにできます。ただ、ぬるま湯が好きな犬だと、あげただけ全部飲んでしまうので、飲んで欲しい量だけ与えてください。

その犬の好きな風味で興味をそそる！

犬の好きな肉や魚、野菜のゆで汁などを少量足すという方法もおすすめです。ただ、摂取カロリーになるべく影響を及ぼしたくないので、水10～15に対し風味1というバランスから始めてください。かつお節を浮かせたり、ボウルの底に好きな食材をひと欠片落とすのも効果的。

人間でいう「お茶」を犬用に煎じる

人間がお茶好きなように、犬にも安全なものを煎じて飲ませることは有効です。87ページ掲載の、黒豆茶（デトックスに効果的）の他、砂抜きしたしじみ汁（肝臓にやさしい）、野菜の煮汁などもカロリーを上げずに、風味づけするコツ。味のない水を好まない子には試す価値ありです。

ポイント

食事の直前に水を摂取すると、食事のにおいで分泌される胃液が薄まり、消化に悪影響を及ぼします。ですから、食事の前後3時間は避け、食間にあげるのが最適です。また、夏場はトイレが近くなるので、就寝前の水分摂取もいけません。夜中に目が覚めて、睡眠妨害につながりかねないからです。逆に水分摂取過多で、多尿という場合も注意が必要。朝起き抜けのオシッコが透明で、いっぱい出るという場合は、獣医師に1度相談してみてください。また、どうしても飲まない子には、スープ状のメニューで食事と一緒に摂らせるのがよいでしょう。

食物アレルギーの基礎知識

ハウスダスト、カビ、コットン、樹木などアレルギーの原因はさまざまですが、
ごはん作りに関係があるのが、摂取した食材や食品添加物に反応する食物アレルギーです。
食物アレルギーがきっかけで手作りごはんを始める飼い主さんも多いと思います。
まずは、原因と症状について、知っておきましょう。

食物アレルギーの原因

アレルギーとは、本来は体に無害な、または害の少ない異物に対して過剰な免疫反応が起こる状態。食物アレルギーは主に食品中のたんぱく質成分が原因となって起こります。症状が出ないようにするには、もちろん原因物質の除去が必要ですが、できるだけ適応させて反応しなくなるようにするという考え方もあります。

食物アレルギーの症状

・皮ふ症状

皮ふ症状はアレルギーで1番多くみられる症状です。皮ふ症状には接触性や季節性などさまざまなものがありますが、食物性アレルギーの場合はかゆみを伴う非季節性皮ふ炎として起こり、消化器症状が付随することがあります。症状が出る部位は、手足、顔面、そ径部、会陰部、臀部、耳などで、アトピー性皮ふ炎と区別できないことも多く、診断が難しいのです。アレルギー症例の約1/3が1歳未満で発症し、6ヵ月未満で皮ふ疾患がみられた場合にはアトピー性皮ふ炎よりも食物アレルギーが強く疑われます。かゆみがある部分を犬がかいたり舐めたりすることにより、さらに炎症がひどくなり、脱毛や変色を起こすこともあるので注意が必要です。

・消化器症状

消化器症状は離乳期の幼い時期を含め、広範囲な年齢で発症します。胃と小腸の機能障害、大腸炎などで、嘔吐と下痢が主要な症状です。下痢は大量で、水様性、粘液性、あるいは出血性の場合もあります。また、食物アレルギーの犬は腸内環境がよくない傾向にあるため、オナラがくさく回数が多いのも特徴です。

・アナフィラキシーショック

急性で全身性かつ重度のアレルギー反応。呼吸困難、血圧の低下、腰が抜ける、心臓に遠い後肢などから力が抜けていき、やがては前肢にも力が入らなくなるなどのショック症状を引き起こします。さらに低血糖になると命にも関わってくる大変危険な状態のため、一刻も早く、動物病院での適切な処置が必要なのです。

食物アレルギーにさせないために

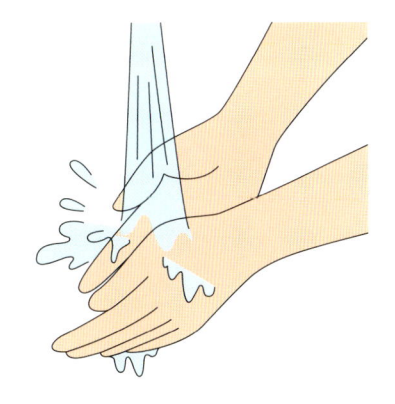

STEP 1
まず、生まれた環境が大きく影響します。子犬は産道で母犬の腸内細菌に対する抗体を持ちます。母犬は生まれたばかりの子犬が他の抗体を持っていないことを本能的に知っているかのように、ある時期まで子犬を触らせないはずなのですが、最近は、すぐに人間の手によって触れられる状況が多いため、人の手にある黄色ブドウ球菌などの常在菌の影響で、アレルギー体質を作るのではないかという考え方もされています。ですから、子犬に触れる前にはよく手を洗うなどの配慮が必要です。

STEP 2
アレルギーが出てしまった場合は、まず環境や食事などを見直していくことから始めましょう。大切なのは、偏った食事をさせないこと。今まで食べてきたもので反応しているのだから、獣医師と相談して食事のメニューを変えてみることも必要です。変えながら状態を観察し、愛犬に合った食事を探していきましょう。便の様子を見たり、健康診断をしながら食事が合っているかどうかを見たり、随時評価していくことが大切です。

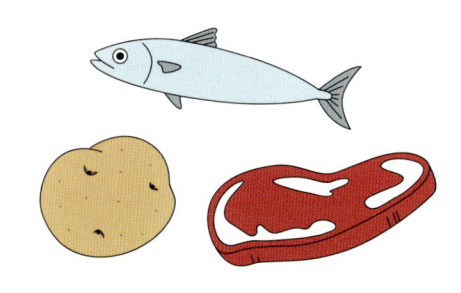

STEP 3
アレルギー反応を起こす食材は除去していきますが、ずっと除去するといつまでも治らないということも。反応が出ないように少量ずつ食べさせていき、食べられる量（反応が出ない量）のボリュームを見つけ、適応力をつけさせることで反応の出ない体を作るという方法（チャレンジテストの応用）もあります。しかし、これは大変危険な方法のため、絶対に勝手な判断では行わず、必ず獣医師の指導を受けて行う必要があります。

食物アレルギーにさせない食生活

現在、食物アレルギーを抱えている犬が増え、その改善のために
飼い主さんが「手作り犬ごはん」を選択されることも多くなりました。
食物アレルギーは完治することのない疾患ではありますが、アレルゲンとなる食材を
食べさせない食事（除去食）で症状が出るのを防ぐことができます。

食物アレルギーだけでなく、アトピー性皮膚炎などを併発している場合には生活環境によっても症状に影響が出てきますので、食生活と同時に生活環境を見直し、獣医師とよく相談して、根気強く治療を続けることが必要です。また、メリハリのある生活も大切です。1日中家の中でのんびりする生活がずっと続くのは、実は犬にとってあまりよくありません。アレルギーは自律神経（交感神経と副交感神経がある）が副交感神経が優位に傾くことによって症状が出る場合もあるからです。季節感（暑さ、寒さ）を感じることも自律神経には重要。適度に体を動かす運動も必要です。

食物アレルギーを新たに生まないための食生活

1.「新奇たんぱく質」を材料にして調理する

「新奇たんぱく質」とは愛犬が今まで出会ったことのないたんぱく質のこと。1種類を1週間程度を単位として食べさせてみて反応を見ることで、食物アレルギーを起こすかどうかテストすることができます。必ずなにを食べてどういう反応を示すかを記録しておいてください。この記録を元に、なにが症状を起こしている食品なのかを探していきます。怪しい食品があったら獣医師と相談して除去の対象かを見極めてください。そしてこの記録は毎日の栄養バランスが適切、的確かどうかを判断するにも大変役立ちます。食物アレルギーの犬にとっても日常の食事には一定のカロリー、たんぱく質などの栄養分が必要です。食事記録を読み返すことにより、栄養バランスの調整を行いましょう。

2. 2週間同じ食材を与え続けない

体内に抗体ができるには最低2週間程度は必要だといわれています。このことから、なるべく同じ内容の食事を2週間続けないことが食物アレルギーの原因となる新たな抗原を作らない工夫といえるでしょう。もちろんアレルゲンを以後は与えないのはいうまでもありません。

3. 速やかに排出される（体内に長時間滞在しない）食材と調理と調理方法を選ぶ

アレルギー体質の犬はアレルゲンへの接触を少なくするには、食材がなるべく腸内に長くとどまっていないほうがよいのです。そのためには消化の悪い食材や消化が得意ではない食材は消化しやすくする調理法で与えるか、与え続けることをなるべく避けるようにします。

4. 傷んでいる可能性のある食材は避ける

傷んだ食品を与えると消化不良、寄生虫感染、細菌性食中毒などを起こしかねません。もしもこの時に抗体ができてしまうとそれ以後も同じ食物が抗原となってしまう場合があります。できるだけ新鮮な食材を使って調理することが大切です。

5. たんぱく質分解酵素を避ける

果物にはたんぱく質分解酵素が多く含まれているものがあります。この酵素が多く含まれる食材は胃に刺激を与えてしまい、体が抗体を作りかねません。特に幼犬は避けておいたほうが無難です。フルーツは加熱すると刺激が弱くなります。バナナにはこの酵素が含まれていません。

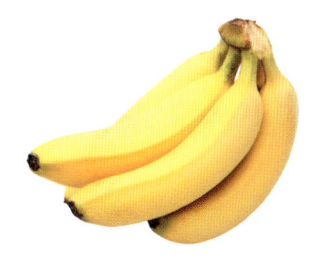

6. 腸内の環境を整える

プロバイオティクス食品、食物繊維や海藻、納豆などの発酵食品は腸内の善玉菌を増やし、腸内環境を整えることで免疫力や体質の改善に役立ちます。シニアは腸内環境が悪くなりがちなので、食物アレルギーを持つシニアには与えたい食材です。

❖ 代替食材の選び方 ❖

食べさせられないもの（アレルゲン）が多ければ多いほど、愛犬に合う療法食を選択するのも、手作りごはんを作るのも大変になります。手作りごはんを選択される飼い主さんは、療法食も確保しつつ、下記の中から代替に使える食材を選択しましょう。

● **動物性たんぱく質**
牛、豚、鶏、いのしし、うさぎ、うま、しか、ひつじ、カンガルー、あひる、しちめんちょう、だちょう、さけ、かれい、すずき、たい、たら、ますなど

● **植物性たんぱく質**
あずき、だいず、レンズまめ、いんげんまめ（金時豆、白金時豆、大福豆、うずら豆、黒豆）、ひよこまめなど

● **炭水化物**
白米、アマランサス、あわ、おおむぎ、きび、玄米、こむぎ、はとむぎ、ひえ、押麦、黒米、赤米、キヌア、たかきび、もちあわ、もちきび、全粒粉、うき粉、そば、じゃがいも、さつまいも、タピオカ、はるさめ、ホワイトソルガムなど

健康ウンチ CHECK

愛犬のウンチは健康のバロメーター。毎日観察することで、
健康管理に役立てることができます。さまざまな食材を与える手作りごはんの場合、
食事の内容でウンチの色やにおいなども変わりますが、一般的なよい状態、悪い状態を
知っておくと、体調の変化に気づくことができるでしょう。

一般的なよいウンチの特徴

□ **硬さ**
適度に硬く、ティッシュなどでつかんでも崩れない程度。手作りごはんの場合は少し柔らかくなる傾向があります。

□ **色**
茶色からこげ茶色の間。手作りごはんの場合はドッグフードを食べている時よりも少し黄色くなる傾向があります。

□ **におい**
食事を大幅に変えなければ、いつも同じにおいがします。明らかに異臭がある場合は問題があります。

□ **回数**
1日に1〜2回程度が理想的。食事の回数などによっても変わってきます。

□ **量**
与えた食べ物に比例した量。食物繊維が多い食事は消化されないため、量が多くなります。

ウンチの状態がいつもと違う時、それが食べ物によるものなのか、体の異常によるものなのかを判断するには、体調などを総合的に見なければなりません。下痢を繰り返す、下痢とともに吐くなどの症状が見られる場合は、食物アレルギー、食中毒、胃腸炎、寄生虫感染などの可能性も考えられます。ウンチだけでは判断はできないので、早めに動物病院で診断してもらうようにしましょう。

悪いウンチの例

色が濃く硬い
消化管の動きが鈍って便秘気味の時など。腎臓疾患で脱水症状を起こしている場合も。

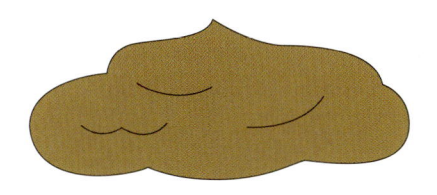

泥状のウンチ
カレーのようにドロッとした状態。消化不良などが考えられますが、続くなら注意が必要。

タール状のウンチ
ウンチの色が黒っぽい場合は、胃や十二指腸から出血している可能性もあります。

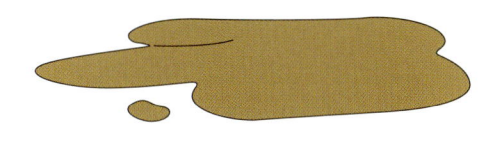

水様のウンチ
水のような下痢便は、長く続くと脱水症状を起こしやすく大変危険です。

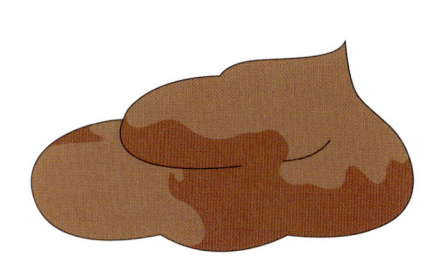

粘液状のものが付着したウンチ
粘液が便ときちんと混ざっていない場合は、大腸などになんらかの異常がある可能性も。

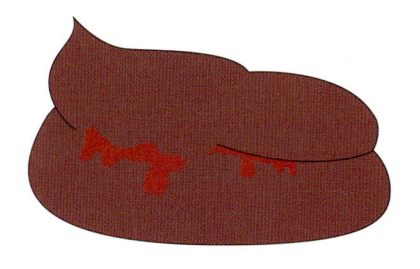

赤い血が混じったウンチ
ウンチの表面に血がついている場合は、大腸からの出血などが考えられます。

食べ物の硬さと歯の健康

現在、3歳以上の犬の80%以上が歯周疾患を持っているといわれています。歯周病は口の中の問題だけではなく、体全体の健康にも影響を及ぼします。見えにくい口の中の健康状態は、飼い主さんが日頃から意識してチェックし、ケアしてあげることがなにより大切です。

犬は歯周病になりやすい？

私たち人間の口の中は酸性であるため虫歯になりやすく、歯石はつきにくくなっています。それに対して、犬のだ液は弱アルカリ性、口の中はほぼ中性で虫歯にはなりにくいものの、歯垢・歯石が付着しやすく、放っておくと歯周病を引き起こします。歯周病は歯の周辺に炎症が起こる病気。進行すると、歯周ポケットに細菌が侵入し、歯がグラグラになったり、抜けたりします。痛みをともなう場合は、食欲があっても食べられなかったり、ストレスにより全身の健康状態にも悪影響を及ぼします。さらに炎症が進むと、膿が出て皮ふや顎の骨まで浸食してしまうなんてことにもなりかねません。口のにおいが気になる、歯が黄色くなってきた、ごはんを食べづらそうにしている……といった症状が出たら、早めに獣医師に相談しましょう。

歯周病はさまざまな病気の原因になります

歯周病の症状が進むと、口腔内の細菌が血液を通じて全身に運ばれてしまいます。その結果、心臓、腎臓、肝臓などの病気を引き起こすことがわかっていて、心内膜炎、心臓弁膜症、間質性腎炎、肝炎などがその1例です。また、活性酸素を大量に生み出すことで、細胞を酸化させ、体の各機能の老化を促進する一因にもなります。

デンタルケアの方法

現在の犬の食生活は歯垢・歯石が付着しやすく、歯周病を防ぐためには、犬も人間と同じようにデンタルケアが必要です。デンタルケアガムなどもありますが、歯ブラシを使って飼い主さんの手で歯磨きをしてあげましょう。歯ブラシが苦手な犬には最初は指にガーゼを巻いて磨いてあげたり、歯ブラシに犬が好む味のデンタルペーストを塗ってあげたりして、順を追って慣らしていきましょう。「歯磨き＝嫌なこと」と思わせないように、犬も飼い主さんも楽しみながらやることが続くコツ。毎日犬の口を触っていると、ある部分だけ痛がったりするといった変化に気づき、歯の状態がひどくなる前に対処することが可能になります。

体重別摂取カロリー早見表

すべての病気につながる「肥満」に気をつけて

犬の肥満は増加しています。多少、ぽっちゃりしてるくらいのほうがかわいいと思っている飼い主さんも多いのでは？　人間と同じように、犬も肥満が原因となってさまざまな病気を引き起こします。大事な愛犬の健康維持のために、肥満にならないよう食事管理をすることは飼い主さんの重要な役割です。

犬の肥満の1番の原因は？

以前に比べ去勢・避妊の手術を実施する例が多くなってホルモンバランスが崩れ、肥満の原因となっていると考えられていますが、1番の原因はやはり食べ過ぎです。外で飼われていた頃から室内飼育に移行するにしたがって、おやつなど主食以外のものを食べる機会が増えてきたことが大きいでしょう。大した量ではないと思っていても、家族全員がそれぞれ与えていると相当な量になっている場合も。また、高齢になって食欲が落ち着いてきたのに、1日に必要なカロリー以上に食べさせようとしている場合もあります。こういった飼い主さんの意識も、肥満の原因になっているといえるでしょう。

肥満は万病の元です

人間の世界でもメタボリック症候群が注目されていますが、肥満がさまざまな病気の温床となるというのは犬も同じです。心疾患、呼吸器疾患、関節疾患、ヘルニア、糖尿病、高血圧など、生活習慣病をはじめとする多くの病気が、肥満によって引き起こされる可能性があります。

適正体重を知るには？

それぞれの犬種でスタンダードの大きさは決まっています。しかし、必ず個体差がありますので、その子にとっての理想の体重を知り、キープすることが大切。理想の体重は、小型犬から中型犬の場合は1歳の頃の体重を基準にするといいでしょう。大型犬は成長の完了期間が長いので、生後18ヵ月くらいの時が基準。それより増えたら「ちょっと太ったかな？」と体を触ってみて、脂肪のつき方などをチェックしてみましょう。

理想の体重より太ってしまったら……

太ってしまったからといって、与える食事の量を極端に減らすといった急激なダイエットは愛犬の体に悪い影響を与える危険があります。体重をまめにチェックしながら、短い期間で結果を出そうと思わず、長いスパンで考えるようにしましょう。運動量を多くしてカロリーを消費させようとする場合も、すでに肥満している子の場合、無理な運動は関節や心肺機能に負担をかけてしまうことも。本格的にダイエットに取り組みたい時は、獣医師の指示に従って行いましょう。また、家族みんなの協力も大切。誰かが1日に必要なカロリー以上に食事やおやつをあげ過ぎていないかチェックすることも忘れないでください。

「ボディコンディションスコア」で体型チェック

体重以外に肥満かどうかを確認する方法として、ボディコンディションスコア（BCS）と呼ばれる評価法があります。これはペットを外から見ることと触診を組み合わせて判断する方法。愛犬の健康管理の手段として、飼い主さんが体型チェックの習慣をつけることが重要です。

ボディコンディションスコア（BCS）と体型チェック表

やせている
体脂肪：5％以下

ろっ骨や腰椎、骨盤を覆っている皮下脂肪がなく、骨が浮き出ていて容易に触れる状態。外見は腰のくびれと腹部の吊り上がりが顕著になっている。

やややせている
体脂肪：6～14％

ろっ骨や腰椎、骨盤を覆っている皮下脂肪がごく薄く、骨に容易に触れる状態。外見は上から見て腰のくびれが顕著で、腹部も吊り上がっている。

理想的
体脂肪：15～24％

ろっ骨や腰椎、骨盤を薄い皮下脂肪が覆っている状態で、骨に触れる。上から見てろっ骨の後ろに腰のくびれがあり、横から見ると腹部がなだらかに吊り上がっている。

定期的にチェックすると、体型の変化に気づくことができます

適正な体型の時には肋骨が外からは見えないけれど触るとわかり、上から見ると肋骨の後ろに少しくびれがあって、さらに横から見た時にお腹がほんの少し吊り上がって見える状態とされています。肥満になると、肋骨は皮下脂肪に覆われて触ってもわからなくなり、お腹もくびれがなくなって樽のようになり、横から見た時にお腹は垂れ下がった感じになってきます。あくまで主観によるものなので、現在どのスコアなのかを厳密にとらえることは難しいかもしれませんが、日々愛犬を触っていれば、以前より太った時に気づくことができます。自信がなければ、定期的に胴回りを測って記録しておいたり、写真を撮って比べてみたりしてもよいでしょう。

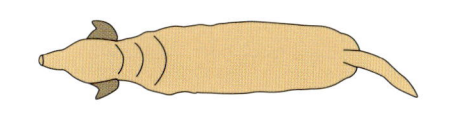

やや太っている
体脂肪：25〜34%

ろっ骨や腰椎、骨盤を皮下脂肪が覆っているが、骨には触れる状態。上から見て腰のくびれはほとんどなく、横から見ると腹部がやや吊り上がっている。

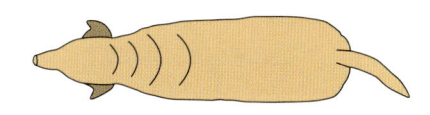

太っている
体脂肪：35%以上

ろっ骨や腰椎、骨盤を厚い皮下脂肪が覆っていて、骨にかんたんに触れない状態。上から見て腰のくびれはなく、腹部も張り出して下にたれ下がっている。

超小型犬（3kg以下）

1日に必要なカロリー、水分、たんぱく質、脂肪は愛犬の体重とライフステージを元に計算することでわかります。摂取カロリーがひと目でわかる体重別の表もご参考に。

■ 主な犬種
チワワ、狆、ポメラニアン、マルチーズ、ヨークシャー・テリア

■ 1日に必要なカロリーの計算方法
以下の計算式で RER（動物が「眠らずに安静」という条件下で消費されるエネルギー量、Resting Energy Requirement）を求めます。
RER ＝ 70 × W0.75 （kcal ME ／日）：70 ×体重の 3 ／ 4 （0.75）乗

RER にライフステージ係数をかけて出てきた数値が DER（1 日あたりのエネルギー要求量、Daily Energy Requirement）となります。
DER ＝ RER ×ライフステージ係数（kcal ME ／日）
※計算式は AAFCO（アーフコ、Association of American Feed Control Officials）の計算式を使用しています。

■ 1日に必要な水分量の目安：DER 量の単位を㎖／日に置き換えた量となります。
■ 1日に必要なたんぱく質量の計算式：4.8g ×体重
■ 1日に必要な脂肪量の計算式：1.1g ×体重
※たんぱく質量、脂肪量の計算は NRC（米国学術研究会議）が定めた基準を使用しています。

2kgの犬の場合

1 日に必要なカロリー：164 〜 211kcal
1 日に必要な水分量：164 〜 211㎖
1 日に必要なたんぱく質量：9.6g
1 日に必要な脂肪量：2.2g

※たんぱく質と脂肪以外の残ったカロリーが炭水化物量（ビタミン、ミネラル、食物繊維を含む）となります。炭水化物量の割合はカロリー全体の 30％を下回らないようにしましょう。

※ライフステージ係数は維持期の最大（RER1.4 〜 1.8）を基準とし、小数第1位は切り捨てています。

<ライフステージ別摂取カロリー早見表>

1～2kg	幼　　犬	140 ～ 294kcal
	成　　犬	112 ～ 188kcal
	シ ニ ア	98 ～ 164kcal

2～3kg	幼　　犬	234 ～ 397kcal
	成　　犬	187 ～ 254kcal
	シ ニ ア	163 ～ 222kcal

※ライフステージ係数は幼犬（中期）、成犬（維持期、避妊・去勢済み）、シニア（老齢初期）を基準とし、小数第1位は切り捨てしています。

■ ライフステージ係数とは？

犬の年齢や生理状態に応じて必要とする栄養量が異なるため、飼育条件に応じた係数を乗じます。活動量、環境要因である気温や湿度、住居環境（屋内飼育、屋外飼育）、品種差（皮下脂肪の厚さ、筋肉量、短毛犬、長毛犬）、多頭飼いによってもDREに影響を及ぼします。ここで計算される1日に必要なカロリーはあくまでも目安であり、どの子にも適切とは限りません。愛犬の体重の変化やボディーコンディションスコアと比較し、定期的に獣医さんに適正かどうかの判断を仰ぎながら調整してください。

<ライフステージ係数>

幼犬期（初期、離乳後第1週～体重が成犬の50%くらいまでの時期）
RER × 3.0

幼犬期（中期、体重が成犬の50～80%くらいまでの時期）
RER × 2.5 ～ 2.0

幼犬期（後期、体重が成犬の80%～成犬までの時期）
RER × 2.0 ～ 1.8

成長期（幼犬全般の時期）
RER × 2.5

維持期（避妊・去勢済みの場合）
RER × 1.6

維持期（避妊・去勢なしの場合）
RER × 1.4 ～ 1.8

老齢期（老齢初期）
RER × 1.4　　※体重とBCSの増減傾向を観察して調整する。

小型犬（3〜10kg）

■ 主な犬種

アーフェンピンシャー、イタリアン・グレーハウンド、ウエスト・ハイランド・ホワイト・テリア、ウェルシュ・テリア、オーストラリアン・シルキー・テリア、オーストラリアン・テリア、キャバリア・キング・チャールズ・スパニエル、キング・チャールズ・スパニエル、ケアーン・テリア、コーイケルホンディエ、コトン・ド・テュレアール、シー・ズー、シーリハム・テリア、シェットランド・シープドッグ、ジャーマン・ハンティング・テリア、ジャック・ラッセル・テリア、スカイ・テリア、スキッパーキ、スコティッシュ・テリア、スムース・フォックス・テリア、ダンディ・ディンモント・テリア、チベタン・スパニエル、チャイニーズ・クレステッド・ドッグ、トイ・プードル、トイ・マンチェスター・テリア、日本スピッツ、日本テリア、ノーフォーク・テリア、ノーリッチ・テリア、パーソン・ラッセル・テリア、パグ、パピヨン、ビション・フリーゼ、プチ・ブラバンソン、ブリュッセル・グリフォン、ペキニーズ、ベドリントン・テリア、ベルジアン・グリフォン、ボストン・テリア、ボロニーズ、マンチェスター・テリア、ミニチュア・シュナウザー、ミニチュア・ダックスフンド、ミニチュア・ピンシャー、メキシカン・ヘアレス・ドッグ、ラサ・アプソ、ローシェン、ワイアー・フォックス・テリア

5kgの犬の場合

1日に必要なカロリー：327〜421kcal
1日に必要な水分量：327〜421ml
1日に必要なたんぱく質量：24g
1日に必要な脂肪量：5.5g

※たんぱく質と脂肪以外の残ったカロリーが炭水化物量（ビタミン、ミネラル、食物繊維を含む）となります。炭水化物量の割合はカロリー全体の30％を下回らないようにしましょう。

※ライフステージ係数は維持期の最大（RER1.4〜1.8）を基準とし、小数第1位は切り捨てています。

<ライフステージ別摂取カロリー早見表>

3〜4kg	幼　　犬	319 〜 495kcal
	成　　犬	254 〜 316 kcal
	シ ニ ア	222 〜 277 kcal

4〜5kg	幼　　犬	395 〜 585kcal
	成　　犬	316 〜 374kcal
	シ ニ ア	277 〜 327 kcal

5〜6kg	幼　　犬	468 〜 670kcal
	成　　犬	374 〜 429kcal
	シ ニ ア	327 〜 375 kcal

6〜7kg	幼　　犬	536 〜 753kcal
	成　　犬	429 〜 481kcal
	シ ニ ア	375 〜 421 kcal

7〜8kg	幼　　犬	602 〜 832kcal
	成　　犬	481 〜 532 kcal
	シ ニ ア	421 〜 466 kcal

8〜9kg	幼　　犬	665 〜 909kcal
	成　　犬	532 〜 581kcal
	シ ニ ア	466 〜 509 kcal

9〜10kg	幼　　犬	727 〜 984kcal
	成　　犬	581 〜 629kcal
	シ ニ ア	509 〜 551kcal

※ライフステージ係数は幼犬（中期）、成犬（維持期、避妊・去勢済み）、シニア（老齢初期）を基準とし、小数第1位は切り捨てしています。

中型犬①(10〜15kg)

■ 主な犬種

アイリッシュ・テリア、アメリカン・コッカー・スパニエル、イングリッシュ・コッカー・スパニエル、ウィペット、ウェルシュ・コーギー・カーディガン、ウェルシュ・コーギー・ペンブローク、柴犬、スタッフォードシャー・ブル・テリア、スタンダード・ダックスフンド、チベタン・テリア、バセンジー、ビーグル、プーリー、ピレニアン・シープドッグプーミー、プチ・バセー・グリフォン・バンデーン、ブリタニー・スパニエル、フレンチ・ブルドッグ、ペルービアン・ヘアレス・ドッグ、ボーダー・テリア、ポリッシュ・ローランド・シープドッグ、ミニチュア・ブル・テリア、レークランド・テリア

10kgの犬の場合

1日に必要なカロリー：551〜708kcal
1日に必要な水分量：551〜708ml
1日に必要なたんぱく質量：48g
1日に必要な脂肪量：11g

※たんぱく質と脂肪以外の残ったカロリーが炭水化物量（ビタミン、ミネラル、食物繊維を含む）となります。炭水化物量の割合はカロリー全体の30％を下回らないようにしましょう。

※ライフステージ係数は維持期の最大（RER1.4〜1.8）を基準とし、小数第1位は切り捨てしています。

＜ライフステージ別摂取カロリー早見表＞

10〜11kg	幼　　犬	787 〜 1057kcal
	成　　犬	629 〜 676kcal
	シ ニ ア	551 〜 591kcal

11〜12kg	幼　　犬	845 〜 1128kcal
	成　　犬	676 〜 722kcal
	シ ニ ア	591 〜 631kcal

12〜13kg	幼　　犬	902 〜 1198kcal
	成　　犬	722 〜 766kcal
	シ ニ ア	631 〜 670kcal

13〜14kg	幼　　犬	958 〜 1266kcal
	成　　犬	766 〜 810kcal
	シ ニ ア	670 〜 709kcal

14〜15kg	幼　　犬	1013 〜 1333kcal
	成　　犬	810 〜 853kcal
	シ ニ ア	709 〜 746kcal

※ライフステージ係数は幼犬（中期）、成犬（維持期、避妊・去勢済み）、シニア（老齢初期）を基準とし、小数第1位は切り捨てしています。

中型犬 ② (15〜20kg)

■ 主な犬種

アイリッシュ・ソフトコーテッド・ウィートン・テリア、アメリカン・スタッフォードシャー・テリア、ウェルシュ・スプリンガー・スパニエル、オーストラリアン・キャトル・ドッグ、オーストラリアン・ケルピー、甲斐犬、紀州犬、ケリー・ブルー・テリア、コリア・ジンドー・ドッグ、四国犬、スタンダード・シュナウザー、ノルウェジアン・ビュードッグ、ブル・テリア、ベルナー・ハウンド、ボーダー・コリー

15kgの犬の場合

1日に必要なカロリー：746〜960kcal
1日に必要な水分量：746〜960ml
1日に必要なたんぱく質量：72g
1日に必要な脂肪量：16.5g

※たんぱく質と脂肪以外の残ったカロリーが炭水化物量（ビタミン、ミネラル、食物繊維を含む）となります。炭水化物量の割合はカロリー全体の30%を下回らないようにしましょう。

※ライフステージ係数は維持期の最大（RER1.4〜1.8）を基準とし、小数第1位は切り捨てしています。

≪ライフステージ別摂取カロリー早見表≫

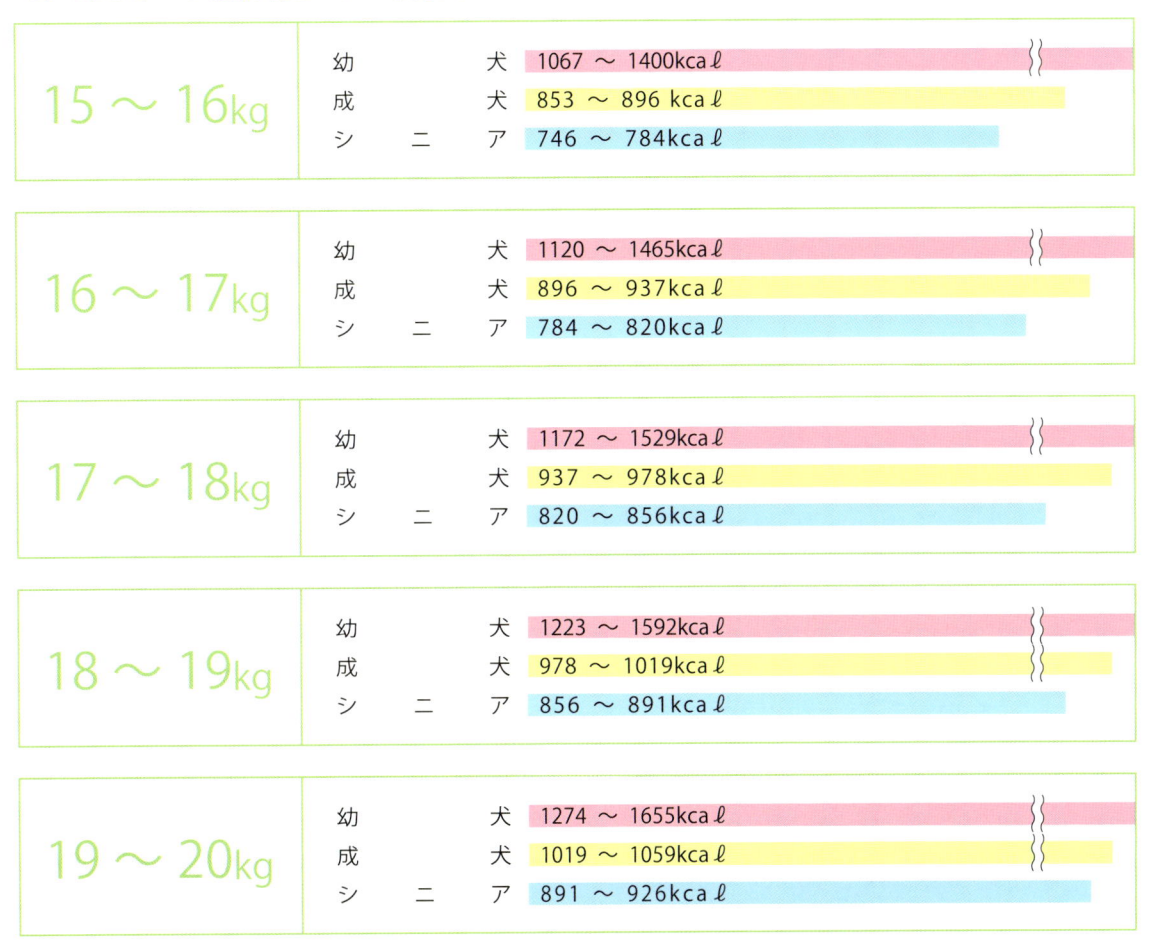

15〜16kg	幼　犬	1067 〜 1400kcalℓ
	成　犬	853 〜 896 kcalℓ
	シニア	746 〜 784kcalℓ

16〜17kg	幼　犬	1120 〜 1465kcalℓ
	成　犬	896 〜 937kcalℓ
	シニア	784 〜 820kcalℓ

17〜18kg	幼　犬	1172 〜 1529kcalℓ
	成　犬	937 〜 978kcalℓ
	シニア	820 〜 856kcalℓ

18〜19kg	幼　犬	1223 〜 1592kcalℓ
	成　犬	978 〜 1019kcalℓ
	シニア	856 〜 891kcalℓ

19〜20kg	幼　犬	1274 〜 1655kcalℓ
	成　犬	1019 〜 1059kcalℓ
	シニア	891 〜 926kcalℓ

※ライフステージ係数は幼犬（中期）、成犬（維持期、避妊・去勢済み）、シニア（老齢初期）を基準とし、小数第1位は切り捨てしています。

大型犬（20kg以上）

■ 主な犬種

アイリッシュ・ウルフハウンド、アイリッシュ・セター、アイリッシュ・レッド・アンド・ホワイト・セター、秋田犬、アフガン・ハウンド、アラスカン・マラミュート、イビザン・ハウンド、イングリッシュ・スプリンガー・スパニエル、イングリッシュ・セター、イングリッシュ・ポインター、エアデール・テリア、エストレラ・マウンテン・ドッグ、オーストラリアン・シェパード、オールド・イングリッシュ・シープドッグ、カーリーコーテッド・レトリバー、キースホンド、クーバース、クランバー・スパニエル、グレート・ジャパニーズ・ドッグ、グレート・デーン、グレーハウンド、グレート・ピレニーズ、ゴードン・セター、ゴールデン・レトリーバー、コモンドール、サモエド、サルーキ、シベリアン・ハスキー、シャー・ペイ、ジャーマン・シェパード・ドッグ、ジャーマン・ショートヘアード・ポインター、ジャーマン・ワイアーヘアード・ポインター、ジャイアント・シュナウザー、スタンダード・プードル、スパニッシュ・マスティフ、スムース・コリー、スルーギ、セント・バーナード、タイ・リッジバック・ドッグ、ダルメシアン、チェサピーク・ベイ・レトリバー、チベタン・マスティフ、チャウ・チャウ、ディアハウンド、ドーベルマン、ドゴ・アルヘンティーノ、土佐犬、ナポリタン・マスティフ、ニューファンドランド、ノヴァ・スコシア・ダック・トーリング・レトリバー、ノルウェジアン・エルクハウンド、バーニーズ・マウンテン・ドッグ、バセット・ハウンド、ハンガリアン・ショートヘアード・ビズラ、ビアデッド・コリー、ピレニアン・マスティフ、ファラオ・ハウンド、フィールド・スパニエル、ブービエ・デ・フランダース、ブラジリアン・ガード・ドッグ、フラットコーテッド・レトリーバー、ブラッド・ハウンド、ブリアード、ブルドッグ、ブルマスティフ、ベルジアン・シェパード・ドッグ・グローネンダール、ベルジアン・シェパード・ドッグ・タービュレン、ベルジアン・シェパード・ドッグ・マリノア、ベルジアン・シェパード・ドッグ・ラケノア、ベルジェ・ド・ボース、ポーチュギーズ・ウォーター・ドッグ、ボクサー、北海道犬、ボルゾイ、ボルドー・マスティフ、ホワイト・スイス・シェパード・ドッグ、マスティフ、マレンマ・シープドッグ、ラージ・ミュンスターレンダー、ラフ・コリー、ラブラドール・レトリーバー、レオンベルガー、ローデシアン・リッジバック、ロットワイラー、ワイマラナー

25kgの犬の場合

1日に必要なカロリー：1095〜1408kcal
1日に必要な水分量：1095〜1408ml
1日に必要なたんぱく質量：120g
1日に必要な脂肪量：27.5g

※たんぱく質と脂肪以外の残ったカロリーが炭水化物量（ビタミン、ミネラル、食物繊維を含む）となります。炭水化物量の割合はカロリー全体の30％を下回らないようにしましょう。

※ライフステージ係数は維持期の最大（RER1.4〜1.8）を基準とし、小数第1位は切り捨てています。

≪ライフステージ別摂取カロリー早見表≫

20〜22kg	幼　　犬	1324 〜 1777kcal
	成　　犬	1059 〜 1137kcal
	シ ニ ア	926 〜 995kcal

22〜24kg	幼　　犬	1422 〜 1897kcal
	成　　犬	1137 〜 1214kcal
	シ ニ ア	995 〜 1062kcal

24〜26kg	幼　　犬	1518 〜 2014kcal
	成　　犬	1214 〜 1289kcal
	シ ニ ア	1062 〜 1128kcal

26〜28kg	幼　　犬	1611 〜 2130kcal
	成　　犬	1289 〜 1363kcal
	シ ニ ア	1128 〜 1192kcal

28〜30kg	幼　　犬	1704 〜 2243kcal
	成　　犬	1363 〜 1435kcal
	シ ニ ア	1192 〜 1256kcal

※ライフステージ係数は幼犬（中期）、成犬（維持期、避妊・去勢済み）、シニア（老齢初期）を基準とし、小数第1位は切り捨てています。

●監修

岡本羽加（P10〜22、P24〜42、P44〜62、P64〜80、P82〜89、P92〜93、P98〜111）
ペット栄養管理士、日本ペット栄養学会会員。愛犬と暮らしはじめたことがきっかけとなり、ドッグライフデザイナーとして活動を開始。ペット栄養管理士による犬の手作りごはん相談窓口・レシピサービス「dog deli pro」をオープンする。栄養素を壊さない調理法、季節の食材の活用法、レシピや手作りごはんに関するご相談など栄養バランスを重視した健康的な犬の食生活を提案している。

髙崎一哉（P8〜9、P90〜91、P94〜96、P98〜101）
高円寺アニマルクリニック院長。患畜は犬や猫から鳥、ハムスターまでと幅広く、治療の他食事や飼育環境の改善に取り組む。特に犬に関しては専門トレーナーと連携し、しつけの指導にも力を入れる。監修書籍に「愛犬元気!! 手づくりごはん」（コスミック出版）、「愛犬をかしこく、丈夫に育てる健康ごはん入門」（主婦と生活社）他。

安川明男（P90〜91）
獣医師、Ph.D.。西荻動物病院前院長、上石神井動物病院相談役。林屋生命科学研究所（京都府）特別研究員、日本伝統獣医学会理事。著書に『イラストでみるイヌの病気』、『イラストでみるイヌの応急手当』（共編、講談社）、『うちの愛犬を一日でも長生きさせる法』（講談社＋α新書）、『よいイヌ、わるい癖』（翔泳社）の他、多数の訳書がある。

●食材提供

P29　無薬飼育鶏手羽
P33　ニュージーランド産ラム肉スペシャルカット
問：さかい企画　☎050-3450-9376　http://sakaikikaku.com/
P33　国産馬肉チャンキーカット
P33　エゾ鹿生肉赤身角切り
問：POCHI　☎0120-68-4158　http://www.pochi.co.jp/

●参考文献

「あたらしい皮膚科学」中山書店
「飼い主のためのペットフード・ガイドライン〜犬・猫の健康を守るために〜」環境省自然環境局総務課動物愛護管理室
「からだにおいしい野菜の便利帳」高橋書店
「からだによく効く食材＆食べあわせ手帖」池田書店
「化粧品・外用薬研究者のための皮膚科学」文光堂
「五訂増補食品成分表2011」女子栄養大学出版部
「細胞機能と代謝マップⅠ」東京化学同人
「The CELL 細胞分子生物学 第4版」ニュートンプレス
「脂質の科学」朝倉書店
「小動物の栄養マニュアル〜ライフステージ・疾患別に考える〜」ファームプレス
「小動物の臨床栄養学」マークモーリス研究所日本連絡事務所
「動物看護のための動物栄養学」ファームプレス
「人気の犬種図鑑174」日東書院本社
「日本の食材帖　野菜・魚・肉」主婦と生活社
「PAFE japon no.5 winter」アニコムパフェ
「ペット栄養管理士養成講習会テキストA教程」日本ペット栄養学会
「ペット栄養管理士養成講習会テキストB教程」日本ペット栄養学会
「ペット栄養管理士養成講習会テキストC教程」日本ペット栄養学会
「マクロビオティックのおいしいレシピ」主婦と生活社
「よくわかる生理学の基礎」メディカル・サイエンス・インターナショナル

●モデル犬

ぱんだ（アメリカン・コッカー・スパニエル）
ひなぷ（チワワ）
ひまわり（ミニチュア・ダックスフンド）
クリーム（ミックス）
やまと（ラブラドール・レトリーバー）

撮影　村岡亮輔、西田香織、櫻井健司、田中秀宏、川上博司、石川皓章
スタイリング　前田亜希
デザイン　富岡洋子、逸村美萌（華音舎）
イラスト　灰田文子
構成・執筆　山崎永美子、中澤小百合、二宮アカリ
企画　二宮アカリ
編集・進行　髙橋花絵

元気で丈夫な子にするための「手作り犬ごはん」の食材帖

2011年2月20日　初版第1刷発行
2022年3月20日　初版第7刷発行

監修者　岡本羽加
　　　　髙崎一哉
　　　　安川明男
発行者　廣瀬和二
発行所　株式会社日東書院本社
〒113-0033
東京都文京区本郷1-33-13　春日町ビル5F
TEL：03-5931-5930（代表）
FAX：03-6386-3087（販売部）
URL：http://www.TG-NET.co.jp/
印刷所　三共グラフィック株式会社
製本所　株式会社セイコーバインダリー

本書の無断複写複製（コピー）は、著作権法上での例外を除き、著作者、出版社の権利侵害となります。
乱丁・落丁はお取り替えいたします。小社販売部までご連絡ください。
©Nitto Shoin Honsha Co.,Ltd.2011,Printed in Japan
ISBN978-4-528-01726-9 C2077